進化するオートメーション

AI・ビッグデータ・IoTそして
オートノマスが拓く未来

Timothy E. Carone 著

松元明弘・田中克昌 監訳

松島桂樹・礒部 大 訳

東京化学同人

FUTURE AUTOMATION
Changes to Lives and to Businesses

Timothy E. Carone
（ティモシー E. カローン）

World Scientific Publishing Co. Pte. Ltd.
（ワールドサイエンティフィク）

Japanese translation arranged with World Scientific Publishing Co. Pte. Ltd., Singapore.

本書を妻 Debbie に捧げる.

良いときも，悪いときも．富めるときも，貧しいときも．

私たちはチームである．

謝　辞

本書は長年にわたる多くの仕事の集大成であり，感謝すべき人がたくさんいます．最初に，私の編集者である Philly Lim と Yubing Zhai に感謝します．Russell Walker，Ronald Polidan，Peter Vedder，Jeffrey Hand，Ian Erridge には本書の原稿段階でコメントをいただいたことに感謝します．また Nick Suizzo，Kathy Swain，Tim Walker，Joe Ford，Arlin Wasserman，Ben Reizenstein，Matt Manzella には本書の調査の段階でいろいろな情報を得ました．私の同僚の Rob Easley 博士，David Hartvigsen 博士，Don Kleinmuntz 博士，および私の所属するノートルダム大学メンドーザ・ビジネス学部経営学科のサポートに感謝します．最後に，私の家族に感謝します．特に二人の息子（Dominic と John）が本書の改訂版発行の日を待ってくれるとよいと思っています．

著者について

Timothy E. Carone 博士は，2018 年現在，米国ノートルダム大学メンドーザ・ビジネス学部で教鞭をとっており，オートノマスシステム（自律システム），統計分析学，IoT（モノのインターネット），AI（人工知能）の専門家である．メンドーザにて学部生・大学院生・社会人向けに，データマイニング，予測分析，構造化されていないデータの分析，創発問題などについて教えている．2016 年には，学部内の教育賞（2016 MSBA Outstanding Teacher Award）を受賞し，また大学のメディア・レジェンド賞（Media Legends Award）を受賞した．また，フォーチュン誌が発表している上位 500 社の企業に対して，ビジネス戦略，エンタープライズ・アーキテクチャ，ビジネスプラットフォームなどのコンサルティングを行っている．25 年以上にわたって，高度なビジネス統計分析を含むような，高性能なエンタープライズ・アーキテクチャの設計・実装，技術戦略プロジェクトの実行，複合的な実装プロジェクトのマネージメントなどの経験がある．科学や数学のバックグラウンドを活用して，洗練されたビジネス分析ソリューションを顧客に提供し，ビジネス分析，データマイニング，機械学習に関する講座を社会人向けに実施した．アリゾナ大学にて物理学で Ph.D. の学位を取得しており，その後，カリフォルニア大学バークレー校にて宇宙科学研究所にてシニア・サイエンティストを務め，その後，アリゾナ大学の月惑星研究所にて常勤サイエンティストを務めた．極端紫外線観測の探査機であるボイジャー 1, 2 号のほか，多くの地上施設について研究を進めた．その関係から，銀河系に関する数多くの科学論文も執筆している．

序：世界は将来のリスクに対する現在の恐怖を誇張している

オートノマス（autonomous system：自律システム，以下オートノマスと略）は私たちの未来である．他に選択肢はない．これはパーソナルコンピューター（PC）が登場した際，他の選択肢がなかったのと同様である．インターネット，組立ライン，電気，電話も同様であった．これらの独創的な製品やプロセスは私たちの社会に対して，望まれてはいなかったが，必要な変化をもたらした．

私たちは，7年以上，自動化とオートノマスの分野に注目している．最近，ロボットや人工の"超"知能（superintelligence）に対して爆発的に関心が高まっているが，私たちはその前から関心を寄せていた．そこで，自動化技術がビジネスモデルに大きなインパクトを与えるという話題を書籍にすることにした．このインパクトは，私たちの観点からは変革，あるいは革命ともよぶべきものであろう．皆さんは，他の書籍の著者や専門家の結論と同様と感じるかもしれないが，私たちは異なる方向性からこの結論に達している．

私たちはオートノマスについて，データとプロセスのレベルから次の三つのコンポーネントから構成されている統合システムと定義している．それは，① データを収集してネットワークに載せる IoT（モノのインターネット）デバイスである"センサー"，② 蓄積と処理を要する"ビッグデータ"，③ 情報をもとに意思決定を行い実際に動作する"人工知能（以下，AI と略）"である．場合によっては，④ メカニズムやシステムの動作や制御を担当する作動装置である"アクチュエーター"を加えてもよい．アクチュエーターを備えたオートノマスに相当する類義語は，"ロボット"，"自動運転車"，"ドローン"である．

オートノマスが AI コンポーネントを用いることは，チューリングテスト（p.74，脚注参照）に合格することを目的としているわけではない．私たちが描く AI コンポーネントは，汎用人工知能，あるいは人工の"超"知能を意味するものではない．もちろんそれは一つのプロセスになるはずだが，それだけではない．本書における AI は，ソフトウェアの一部である．

ある特定の領域において，何らかの意思決定を実施し，行動するというソフトウェアである．短時間で意思決定を行った場合には，あたかもそれをAIが判断したようにみえるが，必ずしもそれはAIではない．ソフトウェアはますます速く実行できるようになるが，AIがその中で少しだけ時間を取って意思決定し行動しているのである．

オートノマスにとっての挑戦とは，重要な業務領域におけるビジネスプロセスを対象とすることである．具体的には，100エーカー（約40万 m^2）もの広さのトウモロコシ農場におけるオートノマスの操作の自動化や，大災害の後の請求プロセスを人間の介在なしに実行する管理システムのような，ビジネスモデルの一部を担うオートノマスを想定している．

オートノマスは，こうした処理が時間内に実行されるよう構築するとともに，この目標を達成する確率が高くなるようにする．請求プロセスのように対象範囲が広く複雑なビジネスプロセスに比べると，対象領域を限定するほど目標は達成しやすくなる．請求プロセスを担当するオートノマスは実現できるかもしれないが，さまざまな困難も生むだろう．

オートノマスは，製造業や自動車の運転のように，同じ行為を繰返すビジネスモデルを支援する以上のことや，戦略を計画すること，イノベーションを起こすことはできるだろうか．保険や送金のように規制の厳しいビジネスでは，既得権益をもつ企業を乗り越えるようなスタートアップ企業を生み出すことができるだろうか．現時点での答えは“NO”である．しかし，時代はその方向に動いている．オートノマスは，今以上にビジネスプロセスを支援するようになる．加えておくが，前述の活動ができるようになるまでは，自ら考えることができる人工の“超”知能や殺人ロボットに関する議論には意味がない．

確かなことは，私たちの社会において多くのオートノマスが稼働するまでの過渡期には，何もないところから一から立ち上がるような分野から始まり，人間自身や人間の安全性に関係ないようなプロセスを支援する分野に続く，ということである．たとえば，ロジスティクス（物流），農業，金融サービスの分野である．人間の健康を管理する分野（ヘルスケア）から立ち上がることはないだろう．なぜなら，この分野でのオートノマスの採用は，心理的な抵抗が強く，法的な規制も厳しいためである．ただし，ヘルスケア分野は，人間とオートノマスが共に進化し，人間や他の手段を使って機械の弱点をどのように解決するかを示してくれる分野でもある．

他の産業においても，オートノマスの実証検証に活かせる分野が存在する．それはロジスティクスの分野である．この分野ではすでに高度な自動化が進んでいるが，オートノマスな港湾・トラック・飛行機・“トローン”（truck と drone を合わせた造語であり，トレーラーと同様に貨物を長距離輸送する）によって，さらに発展が期待されるためである．運転手やパイロットがいない車両・航空機による運搬で問題が起こったとしても，運転・操縦するはずであった人間が危険にさらされることはない．ドローンの貨物運送機が砂漠で墜落したとしても，その貨物自体が壊れることによる不利益のみに抑えられる．こうした状況が他の産業でも起こるだろう．

ただ，オートノマスによる進歩に対しては，大きな恐怖も存在する．おもに，① 人工の“超”知能の危険性，② 自動化による大規模な雇用損失による恐怖である．こうした恐怖に私たちは同意しているわけではない．産業革命とでもいうべき変革であっても，人類に確実に利益をもたらすという目的をかんがみると，自動化以外の選択肢を選びたいとも感じてしまう．

私たちの社会はオートノマスを受け入れるだろうか．人間性の維持にとって脅威となる失業や，人工の“超”知能に対する報道内容には焦点を当てるべきではない．電気の発明であろうと，初期の冷蔵庫であろうと，あらゆる変化は人々を労働から解放し，人々の生活を変えた．変化が起こると必ずよい側面と悪い側面が現れる．

現在，ポストミレニアル世代（1996 年以降に生まれた世代）が出現し，“ポスト iPhone 時代”が来ようとしている．彼らにとっては，音声アシスタントである Siri や Viv や Cortana に話しかけることは，父親や母親に話しかけるのと同じくらいありふれている．人間がこの状況に至るまでに，何千もの発明と何十年もの期間を要しているにもかかわらず，まったく意識していない．これは現在の自動車の技術レベルに至るまで何千もの発明が何世紀もかけて登場したことを，筆者の世代がまったく意識していないのと同様である．

人工の“超”知能の議論からは，Sidney Harris による有名な漫画の一場面を思い出す．ここでは二人の数学者が黒板に向かって議論しており，黒板では数学的な証明が行われている．そのプロセスの途中で，“そこで奇跡が起こる”と書かれているのだ．

人工の“超”知能が現実的な脅威となるという予言は，“超”知能の議論の行く末に，大変おぞましい運命が待ち受けていると感じさせている．たとえば，有名なペーパークリップの事例（p.73，脚注参照）と同様に，ほとんどの事例は，突然，人工の“超”知能が新たな常識を構築し，人間とって暴走と感じられる事態を発生させるという懸念に基づいている．

ポストミレニアル世代にとって，オートノマスと対話することは，他の人と話すのと同じくらい自然なことである．オートノマスは人間ではないが，それが何か問題があるのか，という感じなのである．この世代は，機器に埋め込まれたセンサーがインターネットにつながっていても，義肢装具がネットにつながっていても，特に違和感はないだろう．その親の世代

“ステップ 2 はもう少し詳しく書いた方がよいのではないかな”

が，Facebook や LinkedIn において，プライバシーが保証されなくても問題視しなかったのと同様に，その次の世代を取巻き，使用されるオートノマスには違和感を抱かないだろう．また，ほとんどオンライン・ショッピングでしか買い物をしなくなり，郵便を必要とせず，遠い所に住む友人に会うためにどこかで待ち合わせるということもない．

本書における裏のテーマは，オートノマスで使用される技術は急速な“創造と成熟”を経験している，ということである．技術の進歩がもたらす人工物（artifact）である．新しいアイデアや製品をつくり出すためのコストはほとんどゼロになりつつある，それはインターネット，クラウドサービス，その他開発を支援する各種の共通プラットフォームが整備されているためである．つまり，よいアイデアをより多く試すことができるということであり，その中で，失敗か，成功かについて，すぐに体験できるということを意味している．成功した体験はさらに精査することになるため，AI の集合体や革新的技術が使われるようになれば，こうした新たなアイデアが主流になるチャンスが訪れるだろう．

本書では，その新たなアイデアの一部を示している．これまで AI は何回も失敗を経験した歴史をもつが，計算能力の進化と超大容量のデータストレージの出現により，過去数十年に用いられていた AI アルゴリズムがようやくその威力を発揮する時期が到来しつつある．その計算能力とストレージがあって初めて，AI アルゴリズムがオートノマスを操作するために必要な“モデル”を構築できるのである．

ただし，問題もある．安全や倫理観をオートノマスに統合することができるかどうかは人間次第であり，オートノマスが拡大する鍵はそこにある．また，新たな技術を管理し運営するために必要な規制の枠組みは数十年前のものであり，プラットフォームが提示する新たな挑戦のスピードについていくことができないことも問題である．

変化はすぐそこまで来ており，すでにさまざまなかたちで現れている．そして，これから多様な時と場所に現れるだろう．本書では，この変化がさまざまな産業に現れようとしているという研究の成果を示す．現時点でわかっていることのみを説明しており，書きたかったことのすべてを記すことはできなかった．たとえばオートノマスの倫理感までは言及していない．時が経つにつれて，間違いや時代遅れになる部分も出てくるかもしれない．それでも，私たちが本書で提示した内容は十分であると信じたい．

オートノマスは，農業や金融サービスにおいてすでに稼働している．広い意味での自動化に向けた大きなステップは，ロジスティクスの世界で始まり，次に自動運転により無人化された自動車・トラック・列車・港湾で起こるだろう．これらの業界で十分に成熟したら，次は貨物の揚げ降ろし作業などで人間の活動を支援する目的で使われるようになるだろう．病院の世界ではなかなか浸透しないだろうということは予想がつくが，ただ一つ，人間とオートノマスが相互作用する部分だけは例外である．ヘルスケアの分野が，人間とオートノマスの真の相互作用を必要とするため，技術の成熟を喚起すると期待しており，私たちにとって，これこそが最も興味深い変化となるだろうと確信する．

2018 年 5 月

イリノイ州キャリー村にて

監訳者序

原著のタイトルはFuture Automation，サブタイトルはChanges to Lives and to Businessesである．直訳すれば，“将来の自動化――生活とビジネスはどう変化するか”といったところであろう．そのためか，最初，監訳者の一人である松元のところに，東京化学同人から翻訳の打診があったのは，松元が本務では大学にてロボット工学やメカトロニクス技術を専門とし，その本務の傍らNPO自動化推進協会の会長をしているからであろうと想像する．この協会はモノづくり，特に組立作業の自動化技術を専門とする技術者集団である．

その視点で目次と本文をざっと見てみたところ，本書には技術書では欠かせない特性図や仕様一覧や数式はいっさい出てこない．人工知能の話題はあるものの，その理論はいっさい出てこない．本書の視点は，技術的というよりは，新技術をビジネスにどう活かすかということであることがわかり，翻訳者としては到底松元単独では対応できず，経営や経済の専門家を巻き込むことが必要だということがわかった．

そこで，たまたま，経済産業省の下で進められている“ロボット革命イニシアティブ協議会（Robot Revolution and Industrial IoT Initiative）”の活動で知り合った松島桂樹氏に相談した結果，松島（1, 11章担当），田中(監訳および3, 4, 7〜10章担当)・礒部（5, 6章担当），松元（監訳）の4名で翻訳を進めることにした. 松元を除く3名は経営学 (経営情報論, 経営戦略・イノベーション）の専門家であり，つまり経営・経済にIT（Information Technology）を応用し，イノベーションを実現しようとする立場であるので，本書の狙いと合致していると判断した次第である．

分担して読み進めるうちに，わかってきたことがある．本書のタイトルにある“Automation”という単語は本文にはほとんど出てこないのだ．代わりに，“Autonomous System”（原著の本文ではしばしばASと省略されている）が多用されている．これは本書で最も重要なキーワードである．直訳すれば“自律システム”なのだが，本書で扱っているASとは，日本語でいう自律システムよりももっと広い概念のようだ．人工知能（Artificial

Intelligence, AI）とは少し異なる考え方である．

本書の狙いは，食料供給，ロジスティクス（物流），金融，製造業，ヘルスケア（健康管理）など，多様な分野での“自動化”に求められる内容，およびその導入後の影響を俯瞰的に見ることにある．その際，人工知能（Artificial Intelligence，以下 AI）などの技術に偏ることなく，つまり，使われているアルゴリズムが何であるかには固執せず，その場にふさわしい行動判断を，決められた遅延時間以内に実現できれば，十分“自律的である（Autonomous）”とみている．その行動判断の際には，市場にあふれる膨大なデータ（ビッグデータ）を収集し（それを自動的に行う手段の一つが IoT である），これを AI を活用して分析し，その結果から行動判断しようとする．このような俯瞰的な見方はこれまでになかった視点である．

本書は，AI 関連分野の着実な進化により，私たちがこれまで慣れ親しんだ IT という用語が，単なる情報の技術（Information Technology）から，データ武装し応用された知能の情報（Intelligent Technology）へと進展する時代の過渡期に立ち会っていることを感じさせてくれる．

本書が AI をはじめとする多様な新技術の応用に関する理解，および新たなビジネスモデル構築のために一石を投じる存在になることを期待する．

2020 年 1 月

松　元　明　弘
田　中　克　昌

目　　　次

オートノマスとは何か

1・1 オートノマスの台頭

“300ミリ秒のために3億ドル”（約330億円）*1．これは，Spread Networks*2がニューヨークとシカゴを結ぶ光ファイバーネットワーク構築のために投じた金額である．この通信設備を利用した**オートノマス**（autonomous system: 自律システム，以下オートノマスと略）は，顧客である企業が数十億ドルを稼ぐことに貢献している．

IBMのWatson*3の開発者は大手のヘッジファンド企業に雇用され，オートノマスのトレーディング（金融取引）システムを開発している．

自動運転車はGoogleのオートノマスとして実証されているが，それが普及した際に自動車のサプライチェーンがどのように変わるのか，まだ，明確ではない．カリフォルニア州，フロリダ州，ネバダ州は，一般道路上で自動運転車の試験を始めているが，その採用については，英国などヨーロッパに遅れをとっている．

IBMは，Watsonを使用し，数百万ドルをかけてオートノマスのヘルスケアシステムを開発した．Watsonががん患者の遺伝子を分析し，その患者の腫瘍を攻撃するための正確な遺伝的アプローチを決定する．このアプローチは，特定のがん患者のみに有効であり，同じがんをもっている別の人には効果がない．

銀行，保険会社，ロジスティクス（物流）会社，ヘルスケア会社，法律事務所の最高経営責任者（Chief Executive Officer，CEO）は，“現在，わが社はテ

---

*1　訳注: 本書を通じたドル円レートは2020年1月時点の109円とする．

*2　訳注: Spread Networksは，シカゴとニューヨークを結ぶ光ファイバーによるネットワークサービスを提供する会社である．おもな取引先は金融サービス業界である．

*3　訳注: WatsonはIBMが開発した人工知能である．

クノロジーの会社である”といっている．顧客，取引先との関係はそのままに，ビジネスプロセスがますます自動化されている．自動化には，テクノロジー，つまりハードウェア，ソフトウェアが不可欠であるが，まず，データを収集し，分析して，人間を介在させることなく意思決定を行う．つまり，人間から機械へと意思決定の移行が始まっている．

オートノマスは未来を定義づける．電気と同じように生活に組込まれ，食料を安全に供給してくれる．また，個人的アシスタントであるアバター，すなわち個人の分身となるキャラクターが，私たちの仕事を助けてくれる．また，必要に応じて，そっとしておいてもくれる．さらに，過去60年間の利用可能なすべての研究に基づき，がんの治療を行う際に，患者が受け入れられるよう，アバターが説明してくれる．

オートノマスは，既存のビジネスモデルを破壊し，サプライチェーンの仕組みや，人間の働き方を今後も改革し続けるだろう．自動運転車について，次のような疑問もある．もし自動運転車が，どこにでも存在するようになったら，販売店は変わり，自動車業界の衰退の歯止めになるのだろうか．販売店のビジネスモデルは，レンタカー会社に似ているが，より付加価値のあるビジネスモデルに進化できる．しかし，レンタカー会社は販売会社のライバルになり，自動車のサプライチェーンでの顧客対応に大きな変革をもたらすかもしれない．私たちは，自動車を運転するよりも，必要なときに配車サービスを購入するようになるだろう．朝は自動車が会社に運んでくれるが，夕方には農場から覆いを持って帰るため，ピックアップトラックが迎えに来てくれる．すべてが終われば，ピックアップトラックは去ってしまう．将来，人間のドライバーが不要になることを除けば，配車サービスのUberやLyft*がドライバーに行っているのと同じサービスを，オートノマスがモバイルアプリと連動して行ってくれる．

オートノマスの存在は，第一次産業革命，第二次産業革命で経験したさまざまな変革に匹敵する．1700年代以前は，すべての作業を人間と動物が行い，すべての意思決定は人間が行っていた．それ以降，二つの産業革命によって，

---

* 訳注：UberやLyftは，ライドシェア（一般ドライバーによる自家用車を用いた乗客輸送）のための配車サービス会社である．

機械が動物の仕事を置き換え，そして今，人間の仕事を置き換えている．人間はなお多くの意思決定を行っているが，動物は人間の食料供給連鎖の一部となってしまった．現在，人間の意思決定領域が機械に置き換えられようとしている．次の産業革命では，機械が人間の作業と意思決定を置き換えるといわれる．しかし，私たちはSFでよくあるような，オートノマスな“食料供給連鎖”に人が追いやられるとは考えていない．

さて，オートノマスをどう定義したらよいだろうか．オートノマスという用語は，これらのシステムがビジネスモデルにどう影響するかの研究を始めてから約7年間，使っている．オートノマスという用語には，実証的な研究によって到達したのである．オートノマスは三つの要素と一つのプロセスから構成される．それは，① **アナリティカル（分析）リポジトリー**，② **AI**（Artificial Intelligence, 人工知能），③ コンテンツを生成するための**センサー**であり，三つ目の要素であるセンサーは，現在流行している **IoT**（Internet of Things，モノのインターネット）とよばれている．**ロボット**はアクチュエーター（作動装置）をもつオートノマスである．オートノマスに必要なプロセスは，IoTでつくられたアナリティカルリポジトリーを有効活用するAIサービスに基づいて，オートノマスが活動するための意思決定プロセスである．

1・2 アナリティクス（分析）

オートノマスの有用性については，複数のシステムをトレーニングするために提供されるデータの質と量が問題となる．オートノマスは意思決定に際して，プログラムがAIアルゴリズムを選択し通知したうえで，データを活用している．AIアルゴリズムは，決して複雑なものではない．AIアルゴリズムが役立つかどうかは，トレーニングのためのデータが重要となる．ディープラーニング（深層学習）についての研究はこの点を強化しており，アルゴリズムは複雑でなく，1ページ以内で書けるほどである．ペタバイトのデータが多様な実装を実現する．つまり，1億匹のネコのデータベースのように，画像からネコを認識するために十分な質や量と，特定の事柄に関する幅と深さをもつ必要がある．

ビッグデータという用語は，今なお，経営者やエンジニアにとって，多くを意味しすぎている．ビッグデータについては，多くのビジネスプロセスを支え

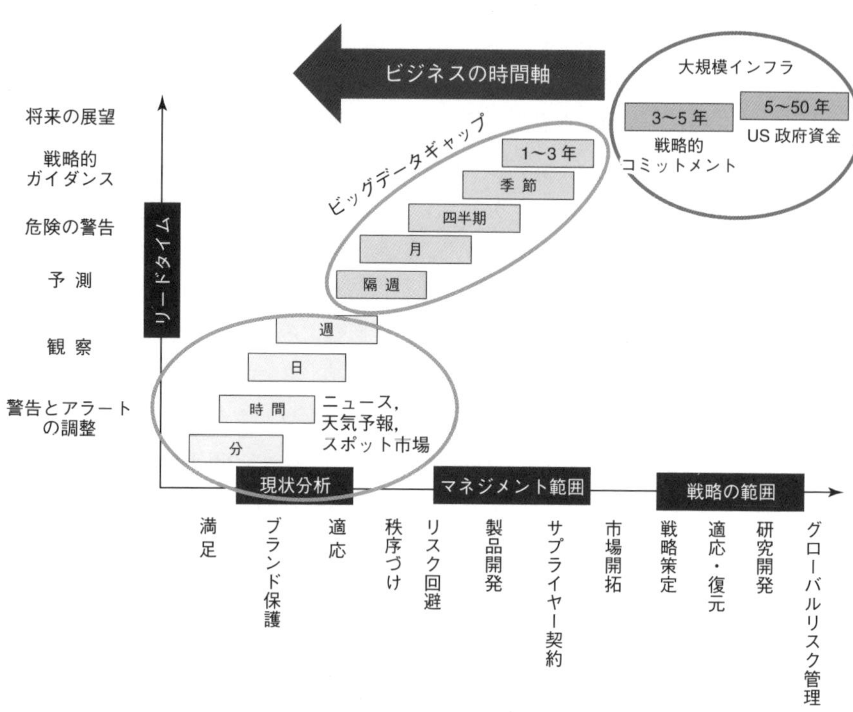

図 1・1　データの適合性　データには数秒から 1 世紀まで期間の幅がある．オートノマスに適したデータはギャップの中にあって，ばらばらにあるわけではない．

るデータアーキテクチャに新たな取組みと多様な変革をもたらす構造的，非構造的なデータ群と定義する．データ変換のプロセスにおいては，入力となる生データを集め，定量的な分析のために情報を出力する．従来のデータアーキテクチャに変化をもたらすのは，データおよびデータ変換プロセスの規模とスピードである．テラバイトやペタバイトを超えるデータが必要であるとしても，たとえば，投資の意思決定を行うためには，最低でもテラバイトのデータと，ビッグデータアーキテクチャが必要であるというような，明確な定義はない．本書ではビッグデータとアナリティクスという用語を組合わせるが，結局のところ，意思決定を支援するアナリティクスが最も重要である．

第 2 章では，**アナリティクス**について詳述する．まず，データ変換に関する考え方を定量化するため，データの次元，すなわち特徴的な時間尺度（タイムスケール）について述べる．図1・1に詳細を示す．縦軸のリードタイムは時間尺度を表しており，横軸はビジネスプロセスを表している．データは秒単位（例: tweet，ツイート），分単位（例: ニュース速報），あるいは時間単位（例: 市場価格）で取扱われる．データは数十年単位（例: シカゴの地図）でも取扱われる，しかし，週，季節，年単位のデータは，長期間のデータが入手しにくいため，オートノマスからの中間的なデータでさえ，入手することが難しい．異なる時間尺度のデータには，それぞれに合わせたオートノマス機能が必要となる．オートノマスの開発と維持への取組みには，データの品質だけではなく，データに適した時間尺度も必要である．

時間尺度の大きな相違が問題となる例として，イリノイ州のトウモロコシとダイズの農場について考えてみよう．イリノイ州は，トウモロコシの生産量ではアイオワ州に次いで2位だが，ダイズの生産量では米国で1位である．両州とも，他州と比べても10位以内の生産量である．したがって，農場管理への投資，特に，自動化への投資は相当な規模で行われている．長年にわたり，Caterpillar と John Deere は，耕作機能，種まき機能，施肥，収穫機能などのオートノマスの農業機械を製造している．農場管理の完全な自動化のためには，農園，気候，種まき，収穫，先物取引，規制，資金調達などについて理解する必要がある．その知識は時間をかけて習得され，中長期の時間尺度で実現されている．

このデータに関するギャップは，同じような期間を対象とするビジネスプロセスを支援するオートノマスの学習に必要なデータとも考えられる．食品会社に関連する時間は，新商品開発とサプライチェーンの時間尺度によって決まる．その多くは，農業プロセスから始まる．干ばつは数カ月から数年という期間にふさわしい例であり，適切なタイプのデータで識別される．しかし，このデータは，取引先との契約，新規の取引先の開発，食品メーカーの戦略計画策定には用いられない．新製品開発やサプライチェーンを支援するオートノマスが，農業の真の自動化を食品のサプライチェーンのプロセスの一部として認めるならば，干ばつに関するデータも必要になるだろう．

アナリティクスの重要なポイントであるデータ融合について，もう少し詳しく検討する．データ融合とは，無数のIoTデータ，顧客データ，販売チャネルデータ，機械と人間の操業データ，パートナーのデータを統合することである．意思決定には，これらのデータに対する相乗的な観点が必要である．さらに，規模とスピードも検討しなければならない．クラウドアーキテクチャーには安価なストレージがあり，そこでは，情報は無料である．情報が存在しない場合には，検索や作成はそれほど難しくない．クラウドアーキテクチャーが十分なコンピューティングサービスを提供するため，処理スピードは，もはや経済的な制約とはならない．

1・3　センサーとIoT

私たちの周囲には，日常生活をはじめ現実の世界を記録するためのセンサーが数多くある．カメラの発明以降，多くのデータが収集できるようになり，コンテンツだけでなく，これに関わるコンテキストも集められるようになった．他の技術用語と同様に，IoTも多くの意味をもっている．

McKinseyの調査では，IoTという用語が拡張して使われており*，ネットワークを介してコンピューターシステムに接続されたアクチュエーター（作動装置）を含む定義となっている．この定義では，IoTは必ずしもはっきりとした処理を伴わない受身的なデータ群であることが求められる．それに対し，本書においてIoTは，世界にサービスを提供する個々の物体を含み，この環境下で各自が作成したコンテンツ，コンテキスト（文脈）の定義を共有し，センサー，コンピューター，ネットワーク機器から成る大規模なネットワークと相互運用を行うものとする．“個々の”という修飾語を含んでいるため，IoT機器群と単体のIoT，たとえば，自動運転車はオートノマスではあるが，IoTあるいは大きなセンサーとよぶこともできる．

McKinseyは，2025年には，IoTの経済効果が少なくとも4兆ドル（約440兆円）を超え，最大で11兆ドル（約1200兆円）にもなると見積もっている．IoT

---

* McKinsey, 'The Internet of Things: Mapping the value beyond the hype' (June 2015), https://www.mckinsey.com/~/media/McKinsey/Industries/Technology%20Media%20and%20Telecommunications/High%20Tech/Our%20Insights/The%20Internet%20of%20Things%20The%20value%20of%20digitizing%20the%20physical%20world/Unlocking_the_potential_of_the_Internet_of_Things_Executive_summary.ashx

の価値の多くは，B2B（Business to Business）から生まれ，B2C（Business to Consumer）ではない．その理由は，データが価値を発見できるのはB2Bアプリケーションからであって，データの編集加工からではないためである．IoTから収集されたデータのうち活用されているデータは1％程度とみられており，それを増大させることが，価値の源泉となり，ビジネスモデルに変革をもたらすことになる．

IoTは，オートノマスの感覚機能を担っている．オートノマスは，IoTを用いて音声，動画，コンテキストの情報，そして非構造化情報，構造化情報を集めることができる．IoTには，オートノマスを訓練し，操作するためのアナリティカル（分析）リポジトリーがあり，オートノマスからのサービス要求に応えることができる．IoT機器には基本機能を実行する以外にプログラムされない暗黙の機能がある．将来的には，トランジスタ，CPU（Central Processing Unit），GPU（Graphics Processing Unit）などの処理機能の小型化によって，簡易なカメラであっても，小さな回路基板に，膨大なデータを運用するニューラルネットワークをもつことを意味する．IoTシステムの定義を駆り立てるのは，この機動力にある．IoTはサービスの提供者であり，もはや受け身のデータ作成者ではない．オートノマスをうまく機能させるための鍵は，データ収集プロセスを制御することにある．そのため，すべてのIoT機器は，人間や機械が監査を行うために，制御や設定ができなければならない．制御可能で，構造化可能でなければならない．IoTはビジネスモデルの価値の源泉であり最悪の敵でもある．そこで，IoTの多様な階層と，その中のどれをオートノマスとして考慮すべきかについて検討する．

IoTの重要なコンポーネント（構成要素）は，単純かつ複雑なネットワークシステムを管理するために構築されたソフトウェアの**プラットフォーム**であり，PaaS（Platform as a Service）*として提供される．プラットフォームとは，サービスとともにマイクロサービスを提供するため，産業機械とオートノマスからのデータ収集と分析を可能にし，管理するものである．

現在，GEのPredix，AWSのIoTコア，Microsoft AzureのIoTスイート，

---

* 訳注：PaaS（Platform as a Service）とは，ITプラットフォームの機能をインターネットを介して提供するサービスである（p.144，脚注も参照）．

AT&Tの IoT プラットフォーム，IBMの Watsonのように，利用可能なものがいくつかある．

これらのプラットフォームは，企業が使用するIoTの根幹を担うシステムとなるため，エンドユーザーにとってその選択は重要な意思決定となる．ベンダーが何を言おうとも，一度プラットフォームを選んだら，企業は他のプラットフォームに変更できない．

1・4 AI（人工知能）

第4章では，ビジネスリーダーにとってのAIについて詳しく説明する．AIとは，合理的に行動するエージェント（代理人）と定義される[1)]．AIは与えられた入力に対して，最適かつ最良と思われる結果に到達するよう行動する．これらの行動は，本質的に反射的であることもあれば推論を含む場合もある．反射的とは，たとえば，飛行機は，他の飛行機に近づいても，無意識にそれを避けて飛ぶ．推論の例としては，飛行機が乱気流に遭遇した際，前方に1000フィート（約300 m）降下中の他の飛行機を発見する．そのパイロットの交信を分析すると，乱気流に遭遇したと議論していることがわかる．そして，AIは，乱気流がますます悪化することを推測して，人間に命令されることなく，降下することを決定する．

本書では，AIについて，計算統計学とモデル開発の改善から派生したモデルであるという見方を採用している．AIのソフトウェアは，機能拡張と高速化が進み，インテリジェンス（知能）をもつように思えるが，実際にはそうではない．AIは決して心をもつことも常識をもつこともなく，自らを認識することも，少なくともしばらくの間はないだろう．本書でのオートノマスのAIコンポーネントとは，“弱いAI”仮説に準拠している．“弱いAI”モデルは最良の状態で知識をシミュレーションするだけであって，人間と同じようなインテリジェンスがあるということではない．AIはインテリジェンスがあるように振舞うが，実際の心や常識が備わっているわけではない．どれほどAIが自己認識でき，人間のような感覚があると思われる言葉や予測を発したとしても，単に計算統計学に基づくソフトウェアにすぎず，人間や他の機械がすばやく判断することに役立つモデルの作成に使われるだけである．

近い将来には，どんなAIもまだ狭い範囲の機能をもつだけである．チェスで人間やコンピューターには勝っても，おじいさんが5歳児の孫に教えた指し手に負けるかもしれない．効果的なAIとはこのような狭い範囲のAIであり，一つの役目を学習したAIを，簡単に他の役目に転用することはできない．同様に，どのようなオートノマスも狭い範囲で開発される．

このオートノマスの範囲は，今後に向けても妥当な予想であり，それらの機能に沿って分類される．オートノマスの観点から，一般に以下の三つに定義される．

1. 狭義のAI（"弱いAI"）：プロセスを支援するソフトウェアであり，オートノマスを強化するシステムであるため，インテリジェンスもなく，常識ももち合わせていない．実際，AIという用語を用いることは，ソフトウェアの販売促進策にすぎない．これらのプログラムは，計算統計学の研究領域の一部である．チェスやAppleの人工知能であるSiriは，Googleの自動運転車（Googleカー）を動かすソフトウェアと同様に，"弱いAI"の典型的な見本である．保険会社は，"弱いAI"によって，保険金請求の詐欺を発見することはできても，個人情報の盗難は発見できない．企業は，特定のAIを，定型的なルールに基づき，特定のプロセスをサポートするためだけに使っている．こうした機能があれば，人間を信じ込ませるのには十分であり，すばやく処理するため，実際にはそれほど強力ではないが，人工の超知能をもっていると勘違いさせてしまう．それは，テレビのクイズ番組"ジェパディ"においてIBMのWatsonが人間に勝利した後の人々の反応によって証明された．
2. 汎用AI（"強いAI"）：人間と同じような認知機能や意識の感覚をもつソフトウェア，すなわち汎用AIの実現はかなり先になる．プログラムが意識をもったとする際の成功基準を明確にすることが重要な課題となる．"強いAI"は人間と同じような方法で考え，意思決定する．銀行業務に関する広く深い知識をもつ人間の知識を単一のプログラムに変換することはできない．AIに学習させるためにどのようなデータを使うのかが，中小金融機関にとっての最大の障害となる．30歳以上の銀行員が学習した知識は，Googleカーに学習させるデータとは異なる．人間は何千もの経験を覚えており，それが意思決定に役立っている．人生経験をテラバイトのデータに組込むことは困難である．

3. 超AI：人工の超知能（Artificial Superintelligence）は，現在，SFの世界の話ではあるが，その言葉の強烈さゆえに報道の大部分を占めている．超AI（Super AI）は，人間レベルのインテリジェンスを千倍以上も高速で実行できる．そのようなプログラムは，最初から独自の経済をつくり直し，秒単位に進化させ，数秒後には新しい経済社会をつくる．そのような超AIが語られるようになってから何十年もたっているというのが共通認識である．超AIはどのように人間とやり取りするのだろうか．人間は昆虫のアリと同じようなものとして，超AIから無視されるのか，あるいは無視をさせてはいけないのか．超AIが製品を製造したいと考えたら，人間と一緒になって働くだろうか，あるいは，法律を犯してまでも理想のモノづくりを追求するのだろうか．モノをつくるためには，許可や許諾を得るために人間の参画が求められる．たとえば，超AIがアリゾナで鉱物原料の採掘を望んだとしよう．これを実現するためには，金の鉱山会社であるFreeport-McMoRan Copper & Goldの担当者からの許可が必要であり，許可の取得には最短でも数秒かかってしまう．

オートノマスのためのAIコンポーネントに関するもう一つの課題は，オートノマスごとにAIに学習させなければならないデータが異なるため，AIも個別にならざるをえないということである．二つの自動車のAIについて考えてみよう．一つはカリフォルニア湾地域で作成されたデータであり，もう一つはテキサス州ラボックのテキサス工科大学で作成されたデータである．二つとも基本的な交通ルールは同じだが，高速道路での運転はどうだろうか．州間高速880号線で運転方法を学んだAIを搭載した自動車は，州間高速27号線や，ニューメキシコ州のタオスで雪が降る状況において顧客から満足を得られるだろうか．基本的な交通法規に違いはないが，それぞれの土地では，満足を得られる運転体験には文化的な違いがある．AIが一つの地域のデータに基づいてトレーニングされた場合，どの地域でも基本的な交通規則のみで運転できるだろうか．自動車に搭載されたAIには地域ごとの特性や文化的体験を組込むことができるが，問題は技術面ではなく．人間は自分の好きなように運転したがるということである．自動運転車は，人間に一つの方法だけで運転することを楽しめと強制している．自動化による文化的な同一化は，大きな問題である．

興味深いことに，最近，超知能（Superintelligent）コンピューターが，世界の終わりを予測するといわれている[2,3]．どうしてこのようなことになるのか，述べておきたい．人よりも何千倍も高速に意思決定を行える超知能システムは，存在すると信じるに十分な根拠がある．これを否定するならば，核物理学の父 Ernst Rutherford が“原子の転換（核反応）からエネルギー源を得るなど，ありえないことだ”と語ったのと同じ過ちを犯すことになる．原子爆弾を生み出した Leó Szilárd は，タイムズ誌の記事を読んだ後，ロンドンを歩き回っている間に，核連鎖反応のアイデアを思いつき，1 年以内に特許を出願した[4]．

今，考えておきたい二つの疑問がある．① いつ人工の超知能（Artificial Superintelligent）が現れるのか，② 人間はどう扱われるのか，である．私たちは超知能がいつ誕生するかを知りたい．最新の公表値に基づく AI 実務家が推定した中央値*1 からは 2042 年頃に到来すると推測される．ただし，過去の AI 到来の時期の予測はすべて間違っていたことを考慮に入れておかなければならない．実際，オートノマスの専門家によるパネル討議では，“人工の超知能が実現する前に，別の重要な発見が行われるはずだ”，とされた*2．

AI が人間をどう扱うかについては，映画“ターミネーター”のイメージが影響し，SF のように誇張されている．信じるに足る根拠はないにもかかわらず，人工の超知能はもともと人を排除しようと思っていたのだという敵対心をあおる結果となっている．実際に，超知能のオートノマスが人間の脅威となるような未来を防ぐため，安全なオートノマスをつくろうとする多くの取組みが行われている[5]．

1・5 すべてをつなげる

すべてがつながったとして，それが何だというのだろうか．野球がスコアブックとつながったとして，それが，何の意味があるのか．産業機器同士を接

*1 Katja Grace, http://aiimpacts.org/update-on-all-the-ai-predictions/

*2 Information Technology and Innovation Foundation (30 June 2015), ‘Are super intelligent computers really a threat to humanity?’. 次のアドレスから映像を見ることができる．https://itif.org/media/are-super-intelligent-computers-really-threat-humanity

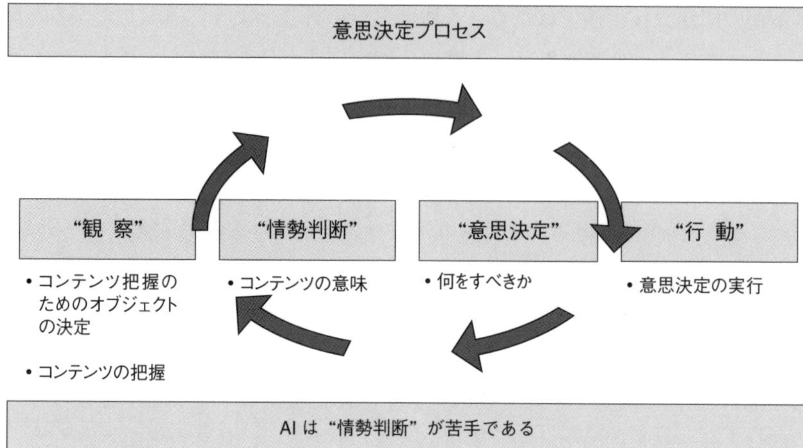

図 1・2　OODA プロセス

続する以上に重要なのだろうか．どのようなタイプのデータでも，データの生成速度に関係なく，センサーがすばやくデータを作成する．センサーとは，温度センサー，ウェブカメラ，特殊なコンピューターチップ，コンピューター本体，動画，そして人間である．

意思決定プロセスに対して，John Boyd が提唱した，"観察（Observe）"-"情勢判断（Orient）"-"意思決定（Decide）"-"行動（Act）"から成る **OODA プロセス**を採用する．ここでは他の意思決定プロセスも使用できるが，プロセスを複雑にすることにどのような効果があるのかわからない．概念とプロセスについては，後に図 2・1 で述べる．

図 1・2 に OODA プロセスを示す．

AI サービスは，"観察"フェーズでは，受け身にも能動的にもなり，そこでは，センサーが一定の間隔でデータを集め，生成する．AI は必要なデータの決定や，所与のデータの取得を行う．このデータは，データリポジトリー（data repositories，データの収納庫）の一部となり，単純な段階から複雑な段階へと処理される．このプロセスでのアウトプットは，データを分析情報に変換することである．この分析情報は，"観察"フェーズのアウトプットであり，"情勢判断"フェーズのインプットとなる．AI が最も早く成長し，かつ，最も弱いのがこの“情勢判断”フェーズである．この段階では“それは結局何か”と問われ，答えることができる．現在，オートノマスのサービスは，写真の中のネコを識別するような簡単な作業であればできる．しかし，現時点では，動画データを見て，“大きなコヨーテに追いかけられ，飼い主に向かって走っている黒ネコ”と答えることはできない．AI サービスが，この“情勢判断”フェーズにおいて人と同じレベルになるには，まだ多くの年月がかかるであろう．後述するように，最適なオートノマスには，AI にアナリティカル（分析）リポジトリー，センサー，そして意思決定プロセスを担う人間が必要となるためである．これは，また，人間の労働の将来について，多様な見方を提供する．確かに，単純なオートノマスであるロボット*が，人間の労働者に取って代わる場合もあるが，私たちの調査では，オートノマスと人間が最適に活かされる新たな仕事が生み出されることも示している．

“意思決定”フェーズでは，決まりきった手順において AI サービスが活用される．“殺す”という意思決定は，最も倫理的に難しい問題である．AI が，人間や動物を殺すという意思決定を下すことは，戦場においても許されない．

“殺せ”という意思決定は，正解のない問いに答えるような，人間がまるでループの中にいるような状態に置かれることになる．また，他にも人間を必要とする重大な問題がある．たとえば，飛行機の操縦や自動車の運転のような場合である．民間航空機は，高度なオートノマスである．実際，パイロットは離着陸を監督する以外にほとんど何もしない．旅客機は問題なく運航できるが，パイロットを全員解雇し，すべてオートノマスで操縦している航空会社には，パイロットがいないことを不安がるために，乗客がほとんど来なくなるに違いない．自動化されても，“意思決定”フェーズには，人間の役割が残る．間違いが起こった原因について，“重要な意思決定を自動化したからだ”，とはいえないためである．

意思決定がなされたら，次は“行動”フェーズである．それはオートノマスが得意とする領域である．**高頻度取引**（High-Frequency Trading，超高速取引ともいう，HFT）システムは，OODA プロセスのループを数百マイクロ秒ごとに実行する．そして，このスピードでは人間の介入はまったくない．自動運

* 本書では，ロボットとはアクチュエーター（作動装置）を備えたオートノマスの意味であると定義していることに注意する．

転車も同様に数ミリ秒ごとにOODAプロセスのループを回し，道路を走行しながら，信号，歩行者，緊急対応，そして列車に対応しなければならない．緊急時でも，患者はセンサーに接続されると，オートノマスが，簡単な疾患であればOODAプロセスのループによって，数秒で診断できる．より複雑な診断と臨床診断には，人間の経験が必要である．オートノマスと人間がチームを組むことでよりよい解決に導く．

私たちはオートノマスには階層が必要であることを認識している．たとえば，人間が運転する自動車は，300以上の特殊なコンピューターチップを搭載しており，データ収集，分析，解釈，そして意思決定を行う．その結果，自動車の中の他のチップにデータを渡すか，運転手の画面にデータを直接表示しようとする．オートノマスはこれをミリ秒で実行できる．

1・6 現在のコンセプト

将来，オートノマスはより大規模になるだろう．すでに日常生活には，小規模，中規模なオートノマスがあるが，これらがますます大規模になる．オートノマスはほとんど目にみえていない．私たちの生活におけるオートノマスの重要性は，ビッグバンとしてではなくオートノマスの能力が徐々に追加されるとともに増大する．しかし，10年後にはさまざまな時と場所に現れるだろう．人間とオートノマスの関わりと同じように，オートノマス同士の関わりも重要である．たとえば，オートノマスの自動車は自宅のオートノマスと会話し，到着と同時に自宅の電灯がともるようにシステムに指示する．

HFTは，現在，最も成熟したオートノマスである．世界市場の重要性の高まりとそれに関わる取引機会の複雑化を受けて，HFTの重要性は増大している．世界のすべての市場におけるほとんどの取引はHFTによって行われている．人間は排除されてしまった．一般的な予想に反して，HFTは，長期間にわたり，停止することはなかった．HFTは，企業のデータ，経済，ビジネス，紛争（特に農産品が豊富な地域）のニュースレポート，さらに，どの取引が誰によって行われ，どの通貨で行われたかという重要な情報を常に受取っている．可能な限り多くのデータがオートノマスに組込まれ，さらに取引の方法を向上する．これによって，HFTの所有者はOODAプロセスのループを実行する時間が短縮できる．2015年半ばには，このOODAプロセスのループ（一つ，または，複数の取引）の実行にかかる時間は，数十マイクロ秒に短縮した．ミニS&P先物のような特定の金融商品や市場変動の公表がなされる直前の，取引数量は大変興味深い．この一つの金融商品だけで，1分間に約1万件の取引が実行されることがわかる．それは，多くのHFTが稼動し，相互に取引を行い，新しい情報が発表されると，数秒以内には，何百，何千もの取引が行われることを意味している．HFTによって実証された最新の行動特性は，複数のHFTの共同作業であるということである．このレベルでの協力は，設計者の意図した結果ではなかった．明らかに，HFTは，協調行動が利益を最大化するという目標の達成に役立つことを学んだ．

前述のように，航空機は高度にオートノマス化されている．通常，パイロットは機体をゲートから移動させた後，離陸させ，設定された高度に達するまでは操縦する．そこで自動操縦装置が作動し，他の航空システムの操作もすべてひき継がれる．パイロットは，設定された高度に降下するまで，操縦にほとんど関与することはない．なぜなら，すべての国で合意された飛行上の厳格なルールがあり，航空機とその操縦はオートノマス上でプログラムされているためである．しかし，地上業務には当てはまらない．現時点では，空港で発生する地上業務の特性上，オートノマスは完全で信頼のおける地上業務の提供はできない．地上業務には飛行機だけでなくバス，手荷物カート，燃料トラック，警備用自動車，除氷トラックなどが含まれる．各空港には，航空機の着陸後，ゲートまで誘導する地上交通管制システムがあり，ゲートまでの経路は，地上車両の位置とゲートの使用可否によって決まる．実際，完全なオートノマスの飛行機を支援することを前提として設計された空港は，現時点ではどこにもない．

オートノマスの他のタイプとしては，コンピューターシステムや周辺機器に取付くウイルス，ワームなどのソフトウェアもある．通常，ターゲットとなる機器には，重要な足跡が残っている．オートノマスのこのような利用は物議をかもし，法的，倫理的な問題を提起する．これは，HFTでは共通の問題であって，スタックスネット*のようなコンピューターワームは，過去のものから学びながら，

* 訳注：スタックスネット（Stuxnet）とは，2010年6月に発見されたMicrosoft Windowsで動作するワーム（W32/Stuxnet）である．核燃料施設や産業機器が攻撃されたといわれている．

より高度化している．ワームは，インフラ（たとえば，配電網，下水道，上水道，軍隊，救急救命隊）についても学習するようになり，そのデータはワームのトレーニングに用いられ，スタックスネットが，特定の構成のPLC（Programmable Logic Controller, プログラマブル論理制御装置）*1 を探し出したのと同様に，特定のターゲットをみつけられるようになった．ほとんどのワームは，データを収集し，取付いたシステムの動きを観察しているだけである．ワームは，システムに取付くことで，必要なデータを収集し，システムを攻撃する最善の方法を決定する．このようにして組合わされた知識は，防御技術の脆弱性のみならず，システム（および人間による操作）対応の脆弱性を悪用する攻撃ベクトルを作成するために利用される．実際の攻撃が行われると，防御システムによる対応策を予測し，ワームは，防御者が次に何をするかを知ったうえで，攻撃を強化する．

1・7 良いこと，悪いこと，そして気持ち悪いこと

オートノマスがひき起こした問題の原因と責任の所在を，人間が確かめることはもはや困難である．2010年5月6日，ダウ平均株価が瞬間的に9％も大暴落し，40分以内に回復した．司法省は，一人のトレーダーを起訴しているが，今日に至るまで，原因と結果についての共通理解は得られていない*2．この事件の経緯，結末，HFTがどう関与したかについては，いまだに係争中である．Peter A. Lawrenceの絶版本“Making of a Fly: Genetics of Animal Design”を販売するためにアルゴリズムを使った，2者によるAmazonでの入札競争について考えてみよう[6)]．最高入札額は，2360万ドル（約26億円）だった．この例は損害を与えなかったことがわかっている．

それに対して，自動運転車が間違いを犯したときはどうだろうか．この間違いは，私たち自身が日常生活をどれだけ管理できるのか，という問題だけでなく，運転上の規制とも関わる．たとえば，自動運転車の改造は，自動車のソフ

---

*1 訳注：PLCとは，リレー回路の代替装置として開発された制御装置である．工場の自動機械などの制御に使用される．

*2 S. Brush, T. Schoenberg, S. Ring, Bloomberg Technology (21 April 2015), http://www.bloomberg.com/news/articles/2015-04-22/mystery-trader-armed-with-algorithms-rewrites-flash-crash-story

トウェアに関連する著作権法により，近い将来，禁止されるだろう[7]．自動車メーカーは，自動車の持ち主にソフトウェアの使用権を貸与しているとみなされるため，所有者であっても，何も変更することはできない．すべての変更は，認定された機械技術者が行う．オートノマスの世界では，人は何を制御し，何を所有するのだろうか．自宅で電気製品を所有しているのだろうか．家を所有しているのだろうか．所有したいのだろうか．これらの問いに対する答えは，社会が自動化することによって，人間から置き換えることができる範囲を決めてしまう．

オートノマスは複雑になるであろうし，そもそもオートノマスを作成したプロセスを直接反映している．概念化，製品開発，ソフト開発，検証，展開のプロセスは，すでに自動化されている．新車を開発するためのほとんどの作業が人手を介さずに行われると想定できる．フォーチュン*50社に入る企業が年に100万台の自動車を，31人の従業員で製作する世界を目指しているのだろうか．集団訴訟において，自動運転車が赤信号に近づくと，スピードを上げるバグのあるソフトウェアの制作プロセスを，誰が検証するのだろうか．誰が，この間違いの責任を負うのだろうか．自動車をプログラムした会社だろうか．欠陥のあるプログラムを作成したプロセスを認識している人間だろうか．ソフトウェアが，オートノマスによって作成されることもあるため，疑問が残る．欠陥のあるソフトを作成したコード（またはオートノマス）が何をしたか理解できるだろうか．それが欠陥のあるソフトウェアであり，赤信号でスピードを上げることをニューラルネットワークに教えたのは，プロセスの正常な結果でないことは，どのようにしたらわかるのだろか．現時点では，人間の誰かが，その結果をもたらす意思決定をしたと想定し，検証して，判断する．しかし，人間が誰も意思決定に関わっていないか，人間が直接，結果に関与することができなかった場合には，事態が逆転する．

オートノマスが広く浸透するということは，人間が自分の生活に対して制御できる領域が少なくなることを意味する．たとえば，ヘルスケア領域に費用がかかるために，政府機関や活動家が，私たちが食べるものを管理しようとして

＊　訳注：フォーチュン50社とは，フォーチュン誌が毎年，“世界で最も称賛される企業”として選出した上位50社をさす．首位は12年連続で米国Appleである．

いる．ニューヨーク市が，大型サイズのソーダ飲料を禁止するという最近の施策は，とりわけ，若者のカロリー摂取量を減らしたいという願望によって促進された[8)]．適正体重を維持するよう従業員が指示されるシナリオでは，制限体重を 50 ポンド（約 23 kg）超えた場合には，自宅の家電が，指定した食べ物だけを蓄え，準備させられることになっている．この例では，家電の制御は本人ではなく，体重を管理するヘルスケアサービスの提供者の費用を負担する何者かが行っている．また，オートノマスは住宅や家電などであって，住人が制御し，保有しているわけではない．住宅はソフトウェアとセンサーにつながっているため，住人がすべてを操作できるということはなく，システムと対話するだけである．他の何者か（おそらく他のオートノマス）が住宅を制御している．住宅の管理システムは，住人，住宅ローン会社，ヘルスケア会社，地方自治体，利害関係者の団体によって補償されるだろう．もしも，政府が市民に二酸化炭素排出量の順守を強制すれば，オートノマスの自動車は，二酸化炭素の排出削減を実施しているという証拠ももたずに，人間を運ぶことはできなくなるだろう．おそらく，年に一定マイルを運転した後，運転費用は自動的に上昇し，割増金付きで政府に支払われる．政府は，市民の承諾や許可なく，オートノマスのレベルによって，政策を強化することができる．自動化は，政府にとって有効なツールとなる．

人々は，複数のオートノマスからの操作によって，自らのオンライン接続を制御できなくなる．現在，オンライン広告は，タブレットやスマートフォンの利用者にアプリやコンテンツやサービスを販売するために，企業にとって重要である．2016 年，モバイル広告総支出は 1000 億ドル（約 11 兆円）に達し，初めてデジタル広告支出の 50 %以上に達する*．ユーザーが広告をクリックすると，広告主のアプリやウェブサイトに送信され，広告主は送信者から，ユーザーに関する情報を受取った後，送信者に手数料を支払う．たとえば，Facebook は，モバイル広告から収入の 70 %以上を得ており，広告主のモバイル広告をクリックした顧客に関する正確な情報を広告主に提供している．しかし，Facebook は，必要

* 'Mobile Ad spend to top $100 billion worldwide in 2016, 51% of digital market' (2 April 2015), http://www.emarketer.com/Article/Mobile-Ad-Spend-Top-100-Billion-Worldwide-2016-51-of-Digital-Market/1012299

に応じて広告主に対し，情報提供を拒否し，逆に，正確な情報を広告主に送る見返りとして，Facebookに登録していない広告主の顧客の情報も，Facebookとの共有を要求できる[9)]．Facebook，Googleなどのソーシャルメディアは，個人に関する情報を拡充し続け，完璧なデジタルプロファイル情報をもつようになるだろう．Facebook，Googleは，高度化したオートノマスによって情報を集め続ける．企業や銀行，政府機関でさえも，ソーシャルメディアにアクセスし，個人情報を収集し充実させることは容易である．そのデータを作成するオートノマスは，信頼でき，完璧で，特に誰からも許可を得る必要がないためである．複数のオートノマスが，ユーザーの情報を共有し合い，ユーザーに知られることなく必要な情報を入手する．オートノマスで作成されたデータは一体誰のものか，疑問が生じる．確かではないが，おそらくはオートノマスの所有者がデータの所有権をもつことになる．

1・8　オートノマスのレベル——どのように“見える化”するか

システムのオートノマスのレベルを，関連づける方法がある．その分類を表1・1に示す．そこには，オートノマスがほとんど関わっていないレベル0から，人間がほとんど関わっていないか，関わっていたとしても，オートノマスに完全に制御されている状態であるレベル5までがある．この分類は，以降の

表1・1　本書におけるオートノマスのレベルと活用例

オートノマスのレベル	定 義	事 例
0	人間が完全にオートノマスを制御している	自転車，スポーツ
1	オートノマスは，人間よりも短い時間尺度において，一時的に人間に代わって制御できる	自動車，請求業務，農業，自動操縦，注文・納品処理
2	オートノマスには，人間より短いか，同等の時間尺度において，一時的に人間に代わって制御できる	自動車，航空機，製造，新聞記事制作
3	オートノマスが制御するが，問題発生などの際には，人間が操作範囲を拡大する	高頻度取引（HFT），スペースシャトル
4	オートノマスが完璧に制御し，人間の役割は最小限である	2025年の自動車，2025年度の農業

章において，分析の利用やセンサーの役割などの主要コンポーネントを介したオートノマス活用の成熟度を考慮し，高度化する．これらのコンポーネントは，オートノマスがビジネスプロセスを支援，または直接実行する方法の幅と深さに関わっている．

今日のオートノマスはレベル 1 と 2 にあり，現行の規制の枠組みの中で存在し役に立っているため，これらのオートノマスにはある程度の安心感がある．米国の多くの学校は，“ゲームチェンジャー”というネットゲームを活用して，場所に関係なく野球ゲームを楽しんでいる．ゲームが終わると，ゲームチェンジャーはオートノマスのプログラムを用いて，顧客宛てに自動的にカスタマイズし，ニュース記事を配信する．たとえば，ゲームのストーリーについては，顧客がフォローしているチームや関心のあるプレーヤーの成果が強調される．同じゲームのストーリーであっても，他のチームのフォロワーの顧客には，そのチームの成果が強調されて，発行される．こうしてゲームチャンジャーは，読み手にとって，最も重要なコンテンツを提供している．オートノマスによって，読み手に向けてカスタマイズされたニュースが作成される．

オートノマスの採用におけるもう一つの影響には，信頼性がある．自動化をさらに高度化させると，人間との相互作用（またはエラー）がシステムの信頼性レベルの脅威を高める．つまり，人間も高度なオートノマスを使う方法を，学ばねばならない．信頼性への取組みは，社会のオートノマスの大半が，レベル 1, 2 からレベル 3, 4 に移行し始めると，人間による新たな行動が特に重要となる．オートノマスがより多くの仕事を行うようになり，人間の仕事が減ってしまうと，人間はオートノマスの操作をひき継ぐことがより難しくなってしまうことが明らかになっている．たとえば，近年の飛行機事故の多くは，困難な状況において自動操縦システムとパイロットを統合させる際の失敗によってひき起こされている．急速に変化する状況において，オートノマスから手動に切替える際，パイロット自身の“情勢判断”が必要になり，パイロットを混乱させてしまった．そのような痛ましい航空機の例では，パイロットが本当の問題を把握しておらず，オートノマスの操作に依存しているため，システムの“観察”を怠り，不十分な意思決定をしてしまうのである．今後 10 年間にわたり，日常的に使用されるオートノマスの自動車において，人間が精力的に介入することによって，事故が増大すると予想される．危機的状況におけるオートノマスから人間への切替えには，特別な注意が払われなければならない．

1・9　最適なオートノマスとは？――オートノマスと人への考察

1960 年，J. C. R. Licklider は，“人間とコンピューターとの共生”[10] を執筆し，“人間とコンピューターは，協力的な相互作用の関係になるだろう”と述べた．それから 50 年以上たった今，それは適切であるし，実際に，第一次産業革命や第二次産業革命で起こったような大規模かつ社会的な解雇を繰返すことがなかったという事実は大変重要である．

人類は第一次産業革命と第二次産業革命では，新時代への移行に成功した．それは，新しい機械と競合するのではなく，新しい機械を使いこなすように，目的を見直したためである．男性は，最終的には女性も，農作業から離れ，組立てラインに参加し，重機を動かし，機関車を運転する方法を学んだ．生産性は，人間が機械を制御下に置くことで向上した．当時の機械は，自ら意思決定ができず，人間の管理者が必要だった．やがて，機械が初歩的な意思決定の機能をもちはじめ，自動車の自動変速機のように，コンピューター機器を搭載して，確実に作業を実行するようになり，18 世紀から 20 世紀の新たな社会をつくった．

デジタル技術がアナログ技術を追い越すスピードが加速し，ビジネスの効率がさらに向上し，より大規模なシステムを制御するために人間が配備されるようになった．最もよい事例は電話交換手である．AT&T は，かつて 10 万人以上の電話交換手を採用した．それが技術革新によるデジタル技術の向上とともに機能が増大し，大勢で行っていた作業をわずかな人数でできるようになった．もし，いまだに人間がネットワークを操作していたならば，AT&T には 10 億人以上の従業員が必要であったと推定されており，古いアナログ機器には拡張性がなかったことがわかる．効率的な規模を達成するためには，自動化とデジタル化が必要だった．電話交換手の転用には利点もあった．情報化社会で価値の高い仕事に切替えることができるようになった．人間が行っていた平凡で繰返しが多く，危険が伴う仕事は激減した．今日，私たちは，機械がオートノマスを含む強力な機能を組合わせ，データとその分析にアクセスし，油圧とアクチュエーター（作業装置）により，無数のコンポーネントを制御できるという，転換点に到達した．これは，コンピューター，センサー，Wi-Fiによるデジタル化によって実現される．このような高度な機械は，人間がなしえる以上のことを実行できる．機械は意思決定と判断において今や，人間と競合し，手作業にとって代わっている．言い換えると，機械はほぼ人間と同程度の仕事を遂行できるため，現在，米国に存在する仕事の47％は10年後にはオートノマスによって行われると見積もられている[11)]．製造業務における多くの繰返し作業はロボットによって行われている．10年後，オートノマスは，ジャーナリスト，医療従事者，科学者，エンジニアなど，“情勢判断”プロセスを担うスキルをもつ作業者を置換えるだろう．これらの浸食については本書の第6章以降で述べることにしたい．

人間の優れた点は，OODAプロセスにおける“情勢判断”フェーズにある．人間の役割を必要とし，あるいは保護しようとして，政策が変わったならば，武器を使用するなどのある種の“意思決定”や“行動”プロセスが，人間の権限として残されるだろう．それはおもに社会的かつ法律的な選択となる．オートノマスは，すでに“意思決定”や“行動”プロセスを実行できる．データを分析し，その意味をコンテキスト（文脈）として判断することは，オートノマスにとって最も難しいプロセスである．卓越した分析には経験が不可欠である．人間は，記憶プロセスによって，経験を発達させている．オートノマスは，経験から知識の貯蔵庫もつくらなければならない．そのためには，内容面でもコンテキストでも，オートノマスを訓練しなければならないし，それに求められるデータとしては，意思決定と行動のための十分な幅と深さをもった知識がそろっていなければならない．このトレーニングプロセスは，多くの点で人の知識の発達を反映している．

定常的な意思決定プロセスから人間を排除すると，新たなリスクが生じる．私たち人間は不完全なオペレーターであり，実務，熟練，繰返し作業から報酬を得ている．オートノマスにさらに依存すれば，定常的な技術力の行使の機会が減るため，人間の技術力の低下が予想される．このリスクは，人間からオートノマスへの意思決定の移行において特に問題となる．オートノマスが人間から多くの仕事をひき継ぐ際には，人間は別の仕事をみつけなければならない．しかし，オートノマスは十分な技術力をもっていないため，すべての問題を取扱うことができない．そのため，人間は，特殊な場合にのみ必要とされることになるだろう．特殊な事例を認識し，行動に移す準備をしておくことは，人間の新しい課題であり，責任である．自動化の普及には，移行段階が必要である．この段階では，人間とオートノマスとの相互作用が重要となる．システムが人間の助けを必要とするとき，人間が何をすべきかという特別な訓練さえ必要となる．オートノマスが機能不全に陥ったときに人間の介入を必要とする場合がある．人間とオートノマスの相互作用の重要性については，第4章で述べることにする．

1・10 ビジネスへの影響

オートノマスが個別のビジネスにどのように影響を与えるかについて評価するには，対象となるさまざまなビジネスについての理解が不可欠である．ビジネスモデルへの影響を確かめるためのフレームワーク（図1・3）を用いて評価する．それは以下のコンポーネントから構成される*.

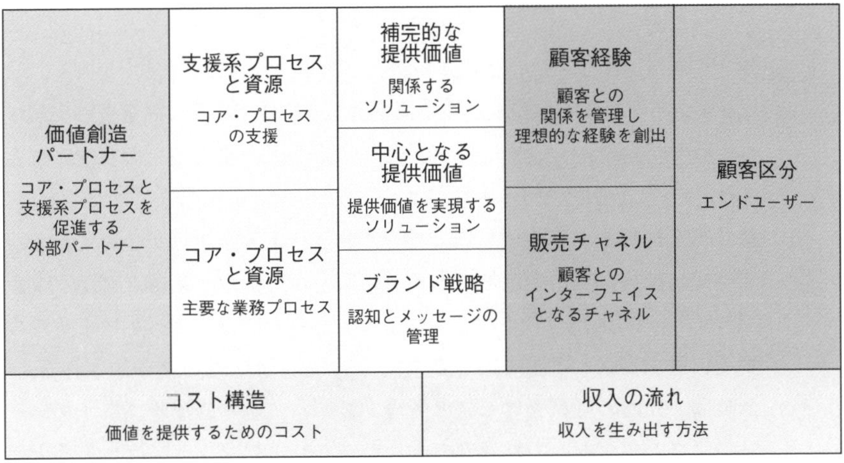

図1・3 ビジネスモデルのフレームワーク

* A. Osterwalder, Y. Pigneur, A. Smith, and 470 practitioners from 45 countries, "Business Model Generation", Self-published (2010).

1. 顧客対応（図1・3，上部右）
   a. 顧客区分: 共通した特徴に基づいて顧客（エンドユーザー）を定義する.
   b. 顧客経験: ビジネスモデルと顧客との相互作用の性質と成果を定義する.
   c. 販売チャネル: 提供価値を顧客区分に合わせて届ける方法を定義する.
2. 提供価値（図1・3，上部中央）
   a. 中心となる提供価値: ビジネスモデルに基づき顧客に提供される製品・サービスを定義する.
   b. 補完的な提供価値: 中心となる提供価値を補完し，内外の変化に影響を受ける隣接的な提供価値である.
   c. ブランド戦略: 製品・サービスにおける提供価値あるいは約束事を定義する.
3. 実現する機能（図1・3，上部左）
   a. コア・プロセスと資源: ビジネスの運営を確保する基本的プロセスである.
   b. 支援系プロセスと資源: 製品・サービスを提供するための資源の活用である.
   c. 価値創造パートナー: ビジネスモデル全般に付加価値を提供する外部パートナーである.
4. コスト構造（図1・3，下部左）
   a. ビジネスモデルの実施に関連する固定費と変動費である. 固定費は実現するための機能によって決まり，変動費は提供価値や顧客対応の状況に依存する.
   b. 新技術を採用する費用はここで把握される. 十分な注意が必要である. すべての技術が費用を削減できるとは限らない. たとえば，クラウド活用により，IT 運用コストは上昇するかもしれないが，ビジネスモデルの変更に対する収入増加に比べてコスト増は緩やかになると予想される.
   c. 企業は，社内の財務プロセスと管理システム，基本的なサプライチェーンのプロセスがなくては運営できない. これらのプロセスは，業務上のリスクを軽減し，現代のビジネスに必要である. これらのプロセスは自動化に適している.
5. 収入の流れ

a. ビジネスモデルにおける自動化の影響について検討する．自動化により，新たな収益が得られることが理想である．多くの収入は“新規”である．これは現行の機能を強化するのではなく，新たな収入が自動化されたビジネス機能から生み出されたことを意味する．他の現行機能は，ビジネスモデルの前面から背面に移行する．あたかも販売員の役割がウェブサービスのアルゴリズムにとって代わられるようなものである．

図1・3のビジネスモデルは完璧とはいえないが，今後数十年にわたり，ビジネスにおけるオートノマスの利用がどの程度普及するかを示す重要な項目を提供してくれる．

1・11 プラットフォーム

オートノマスはソフトウェアパッケージや，ハードウェアとソフトウェアの組合わせというよりも，**プラットフォーム**として提供されるだろう．プラットフォームとは何か．テクノロジーの世界ではよくあることだが，プラットフォームには多様な意味が込められている．本書ではプラットフォームを“個人およびビジネスの機能を創出し，支援し，進化させる構造体”であると定義する．プラットフォームは，サービスモデルを用いて提供され，プラットフォーム自体がクラウドサービス経由で提供されない場合でも，普通は，クラウドインフラ上に構築される．従来型のプラットフォームとしては，ウェブアプリケーションの実行と管理を担うAWS Elastic Beanstalk，Google App Engine，Apache Stratosなどがある．ただし，Facebook, LinkedIn, Google, Salesforce.comがビジネスを創出し管理するためのプラットフォームにもなっていることはあまり意識されていない．プラットフォームの提供者は，個人と組織がどのようにプラットフォームを使っているかを把握していないという課題に直面している．多くの人たちはフェイクニュース，選挙への介入，恐ろしい動画など，無数の予期せぬ驚くべき使い方に巻込まれているためである．

ソフトウェアベンダーによっては，実際には製品に変更がないにもかかわらず，ソフトウェア製品をプラットフォームに見せかけるため，ブランド変更してしまうという，命名に関する落とし穴がある．バラは，他の名前がついてもバラであり，進化した機能を提供する真のプラットフォームと，従来型のソフトウェア製品を，慎重に区別することが重要である．

1・12 ま と め

オートノマスの存在は，生活やビジネスモデルを絶えず変えてしまう．実際には，第三の存在もある．現在，ビジネスは人間による意思決定に基づき，人間と機械を組合わせて行われているが，将来的にビジネスは，機械がつながり合って構成され，意思決定するようになるだろう．明らかに，人間は機械ができないような意思決定の役割を担うべきである．しかし，自動化の進展によって，人間に残された意思決定領域は，徐々に減少するだろう．

機械の性質は変化している．オートノマスの追加，アナリティカル（分析）リポジトリーの作成，そしてIoTによって，複雑なビジネスプロセスを遂行するときでさえ，機械にとって熟練した人間は不要になる．IoTで集めたデータを活用すれば，情報やコンテキストに基づく意思決定において，オートノマスは人間と肩を並べる存在となるだろう．学習によって経験の知識ベースが増えるとともに，オートノマスが対応できるプロセスの範囲と複雑さは，業務上，最も重要な領域でさえも，その管理下に置くようになると考えられる．

第2〜4章では，オートノマスの重要な要素であるアナリティクス，AI，IoTについて詳しく説明する．それぞれの要素がビジネスに影響を与える．オートノマスが有線，無線機能を用いて，音声認識や画像処理のような通信機能を採用し，人間の意思決定プロセスを，正確に学習し続けるだろう．

第6章以降では，オートノマスが適用される業種分野に着目して，ビジネスモデルにもたらされる影響について詳述する．特に，特定業種におけるビジネスモデルの変化の幅と深さについて考察する．

結論として，オートノマスの発展は，現在のほとんどのビジネスモデルを破壊し，この10〜20年で，ほとんどの企業は自動化においてレベル3, 4に到達する．高度なレベルにおいても，業務上，最も重要な業務が，バックオフィス業務，ベンダーとの渉外業務など，他のプロセスとともに自動化される．その変化は，一般の人たちにはわかりにくいが，自動運転車の革新のように，派生的な変化を通じて認識できるようになるだろう．最新の自動車には，オートパーキング，車線変更支援，センサー制御ブレーキなど，自動化の要素が盛込まれている．このように，オートノマスはすべてのビジネス領域に組込まれ続けるだろう．オートノマスは顧客管理，顧客体験の測定において明確に現れ始めている．この変化は，よりよい顧客サービスに向けたアナリティクスの活用によって促進される．音声認識とマス・カスタマイゼーション*1との融合が標準となるだろう．これらすべては，人間と直接やり取りすることなく，オートノマスのプロセスによって進められる．

センサーシステムによって作成されたアナリティクスを利用するディープラーニング（深層学習）のアルゴリズムは，ビジネスにおける重要な知識のギャップを埋めるだろう．正確かつ局地的な長期天気予報について考えてみよう．このような予報は，多くのセンサーとオートノマスからのデータをもとに分析的考察を行ったうえで，発表される．高精度の長期予報の価値は，電力会社が，3〜4カ月の範囲で行う，損傷リスクのある電力線を特定する確率モデルの開発において，すでに達成されている．センサーとアナリティクスの自動的な判断がこれを可能にしている．また，システムがオートノマスとして行動している．長期予報の説得力を高めているデータ活用の事例として，IBMのディープサンダープロジェクト*2があげられる．このプロジェクトは，現在も，オリンピックの高飛び込み競技に対して，3〜4日間の風速などの天気予報を提供している．このような期間における高精度の実現は，以前は不可能だった．数年前までは，数時間程度の精度であった．天気に関する多様な測定と，ディープラーニングによって考察する能力は，計画策定の方法を変化させている．このような予報は，悪天候や好天候に合わせた計画の策定に活用できるため，必ずロジスティクスやその他の業務にも活用できる．

もう一つの重要な領域は，食料生産の予測である．精密な農業の実践とリモートセンシング技術は，ドローンを活用し，米国のすべてのトウモロコシの茎とダイズを数え，管理できる．同様の技術により，すべての農作物の健康状態を経時的に監視できるため，正確な収穫量を見積もることができる．また，

---

*1 訳注：マス・カスタマイゼーションとは，一品一様の特注製品を大量生産（マス・プロダクション）の生産性で実現する概念や仕組みである．

*2 IBM, Deep Thunder, http://www-03.ibm.com/ibm/history/ibm100/us/en/icons/deepthunder/

すべての農場から日々のデータを広く集めることができる．農場を監視するオートノマスは，農作物に応じた作付けや，時期と場所に応じた収穫量の調整，USDA（United States Department of Agriculture，農務省）への作付け条件の通知や，収穫量に応じたバイヤーの変更を行うことができる．家畜に組込まれたセンサーは，成長を追跡し，家畜の管理において最適な意思決定を可能にする．センサーネットワークによるアナリティクスは，ニワトリ，ブタ，ウシなどのタンパク質源となる家畜の生産を支援する．

オートノマスはビジネスのサプライチェーン*に登場し，その機能は増大し続けている．食品サプライチェーンは今後，急速に自動化が進むだろう．農業の自動化は，非効率な仕事を減らし，人の作業を減らす．高精度の長期気象データが，天候の変化に対応する計画策定を支援する．リアルタイムな作物データがより適切な食料生産の予測を容易にし，需給調整の精度を向上させ，最終的には，食料価格の変動が制御できるようになる．食料加工と食品生産の自動化は進行している．人間の役割はますます小さくなり，多くの仕事が機械とオートノマスに移管される．

自動車業界で自動化による混乱が起こることは，明らかである．自動車と顧客体験との関係は変化する．自動運転車は，年間生産量を激減させるような急激な変化をひき起こす．実際に，3D プリンターがオンデマンドで自動車を作成できるようになれば，顧客の需要に基づいて，販売店でも自動車が製造できるようになる．販売店が必要な部品を印刷できたら，組立工場の価値は何になるのだろうか．下請企業はどんな価値を提供するのだろうか．自動運転車は，既存の長期的データ（道路やその他のインフラについてのデジタルデータなど）から多くの支援を受けている．このデータは，ゆっくりと変化している．数百万台の自動運転車から得られる膨大なデータは，それぞれが大都市圏での朝夕の通勤パターンなどの単一活動と関連しており，配車サービス，カーシェアリング，旅行プラン，道路利用税など，新たな変革をもたらすための貴重なデータの蓄積となるだろう．確実なことは，自動運転車は，このデータを使い，交通パターンの学習をもとに，目的地に着くためには，いつ自宅を出発すれば

---

* 訳注: サプライチェーン（供給連鎖）とは，製品の原材料や部品の調達から，製造，在庫管理，配送，販売，消費までの一連の流れである．

よいか，最適な時間を予測できる．

金融サービスと法律サービスは，より自動化が進展している．金融サービスは市場をすでに支配しているHFT，法律サービスは文書合成と知識発見*から恩恵を受けている．金融取引，保険契約などの取引におけるスマートコントラクト（スマート契約）の利用は，自動化されたプロセスで，明確な定義，作成，実行ができるようになる．金融サービスと法律サービスは，長期にわたり品質の高いデータを収集しているため，他の業種に比べて，オートノマスが克服しなければならないデータのギャップが少ないと考えられる．特にこの強みはHFTにおいて顕著であり，金融サービスや法律サービスのほかの業務でも自動化が進展することにより重要になるだろう．最近，ロボットアドバイザーは，富裕層の資産運用会社によって利用されている．まさに金融サービス領域において自動化が始まっている．この傾向は，オートノマスとアナリティクスが業務上，重要なビジネスプロセスの広範な領域へと移行していることを示している．個人向け銀行サービスは，自動化の絶好の機会である．人間のようなアバターに代表されるロボアドバイザーが，必要なときにいつでも現われ，消費者であろうと法人であろうと，融資の承認までの処理を支援してくれる．ミレニアル世代（p.38，訳注参照）は，このような自動化を快適かつ信頼できると考えており，裕福になったら，ロボアドバイザーを活用しようと考えている．

オートノマスの採用に向けた最大の障害は，人間の抵抗である．最近の報告[12]では，384件のアイオワ州の農家では94％が収穫を監視していると回答した．74％は自動操縦を使用し，36％は可変作付け機械を使用し，34％が農場固有の天候データを活用していることが示された．農家の大半は，より高度な自動化機能の採用が進まないおもな理由として，自動化機能の統合の複雑さをあげている．これらの懸念は，過去25年間の事業部門とIT部門の間にもなじみがある問題であり，IT領域が統合上の大きな課題を解決できたことから，同じように，先進技術の利用者として克服できるだろう．

オートノマスの採用において他に予想される障害は，地方，州，米国連邦政府である．オートノマスの採用により，政府機関は現在および将来に対する責

＊ 訳注：知識発見（knowledge discovery）とは，人間の専門知識やデータに潜む知識を，計算機で処理できる形に変換する知識獲得（knowledge acquisition）のプロセスの一つである．

任をもっている税収，政策，公安など多くの分野で，職員の混乱をひき起こすであろう．これらの活動は，必然的に反発をよぶ．さまざまなビジネス領域が，オートノマスの採用を遅らせ，変更させようとする．最も優れた先行指標は，政府がドローンの使用にあたって，どのようなスピードで政策を作成したかである．ドローンの使用を規制することは難しく，ドローンの性能向上に伴って，政府が，使用に関する体裁だけのルールを維持することはもはや困難になっている．ドローンの使用は，ほとんど害はないが，狩猟者によるドローン活用や，違法行為をしている人が見張り役としてドローンを利用することは，容易に想定できる．

本章では，汎用 AI，いい換えると“強い AI”を備えたオートノマスの最大のリスクについて考察することで結論としたい．“強い AI”については，これまでの定義を用いる．“強い AI”は，実現すれば，人類にリスクをもたらすという考え方もある．これまで検討した OODA プロセスにおける“意思決定”フェーズについて考えてみよう．このプロセスは，人間とオートノマスとを組合わることで，最適化される．どちらにも，強みと弱みがある．人間は，“情勢判断”フェーズと複雑な“意思決定”フェーズに優れており，オートノマスは“観察”フェーズと，“行動”フェーズを，人間よりも早く実行し，より早く反応できる．複雑な“意思決定”をする人間の能力をもとにして，“観察”し“行動”が得意なオートノマスを使用するようにトレーニングを受けた人間には，二つの影響が生じる．一つは人間にとって困難な状況をまねくという影響であり，一つは，破壊的な結果をもたらすという影響である．

人間にとって困難な状況をまねくという影響については，サプライチェーン，金融サービス，ロジスティクスのような複雑なプロセスを組合わせることで生じる．組合わせることで，広い範囲の中間管理者がとって代わられてしまう．定型的な管理プロセスが多いほど，プロセスを支援する人間を簡単に置き換えることができる．フォーチュン 1000 社のほとんどが，もっと少ない人数で，運営できると気づくことで，この考え方が合理的とされるだろう．4 万人以上の従業員がいる保険会社の Allstate は，1000 人で運営できると想像できるだろうか，今，40 万人従業員がいる McDonalds が 5000 人以内で運営できると思うだろうか．世界に 220 万人の従業員がいる Walmart が 1 万人以下にできるだろうか．オートノマスによって，人間の効率性が大きく向上する．今までの仕事が定常的なものであったからこそ，もっと多くの仕事ができるようになる．オートノマスは，今まで遅れの原因であった人間とのやり取りがなくなるため，より早く仕事を実行できる．ある人間とオートノマスのチームが，他の人間とオートノマスのチームと対話をすると，私たちがこれまで経験してきた絶え間ない会議よりも早く，効果的なやり取りができるという期待は理にかなっている．Instagramはたった13人の従業員とともに10億ドル（約1080億円）でFacebookに買収されたことはよく知られている．テクノロジーの進歩によって，2010年に誕生したInstagramは，かつて（2000年頃）のように大量のソフトウェア開発者を集めてつくられた製品を，はるかに上回る製品を生み出せるようになった．

破壊的な結果をもたらすという影響とは，人間とオートノマスが，多くの軍隊よりもはるかに少ない人数で軍隊を運営できてしまうことである．この世界は得てして，善人と悪人をつくりたがる．悪人には道義に反する人から誇大妄想の人間までさまざまである．ある人間にとって道義に反する行動は，別の人間にとっては積極的な行動でもあり，対処することが難しい．“誇大妄想こそが脅威である”と誰にいえばよいのか．オートノマスの武器は現実のものとなり，時間とともに，効果を増している．大部分の国レベルの軍隊や，テロ組織の大半は，徐々にサイバー兵器とロボットに置き換えられている．サイバー攻撃は，人間を介せず，オートノマスだけで効果的に実行できる．軍隊の兵器システム（戦車，大砲，航空機，潜水艦，水上艦など）は，時間とともに完全にオートノマスになるが，複雑な兵器システムでは，かなりの間，人間の指示が必要となる．Instagramや他の大手企業と同じように，軍隊は，今よりもっと少ない人数で構成できるはずである．少数の人間とオートノマスのチームであれば，政府は，敵よりも早く外交政策を実行できる．OODAプロセスを敵よりもすばやく実行することができる政府は，戦場であろうと外交であろうと，おそらく敵を倒すことができる．これはトーナメントの経験のない優れたチェスプレイヤーと対戦するチェス名人に似ている．

独裁者が誇大妄想を抱えた人間であれば，このシナリオは現実になる．そのようなリーダーは，オートノマスとともに，すばやく領土や価値ある財産を奪う．世界はどのように反応するだろうか．他の世界のリーダーも当然，オートノマスをもっている．オートノマスは，その起源が，国の文化や信念によってさまざまである．米国大統領のオートノマスは，英国やドイツのリーダーによって使われるオートノマスと類似点も，相違点もある．各国のオートノマスがどのくらい自律的であるかによっても，各国の対応に類似点と相違点が生まれる．ある国は，問題を炎上させない政策によって，軍隊をひきあげるかもしれないし，他の国は，強力な防御の姿勢で，対抗的かつ先制的な攻撃をするであろう．OODA プロセスにいる人間であれば，これらの行動を続けることもあれば，やめてしまうこともある．人間がかかわっておらず，破壊された機械には，今日のビデオゲームのようなシナリオに，一般市民の意見がどう反応するか評価することは困難である．

どの時点で，オートノマスにこのようなことができるようになるだろうか．現在，オートノマスは，チェスはできるが，チェッカーやブリッジ，ポーカーなどの複雑なゲームはできない．オートノマスに“強い AI”が存在することを示す最初の兆候は，すべてのゲームに精通したときである．その最初のバージョンは，一つ以上のゲームができる AI が集まった AI システムに入る優れたインターフェースをもつプログラムであると考えられる．まだ限定的であり，すべてのゲームには精通していないが，重要なゲームには強いだろう．“強い AI”は，これまでの議論を具現化するために，価値の高い領域においてこそ十分に優れている必要がある．すべてができる必要はない．サプライチェーンや，保険会社のような複雑なプロセスを実行できればよい．“強い AI”をもったオートノマスは，機能強化とともに，いい換えれば，ボトムアップで成長する．これは，オートノマスがもたらす影響が，はるかに遅れて認識されることを意味している．

参考文献

1) R. Stuart, P. Norvig, “Artificial Intelligence: A Modern Approach”, 3rd Ed., New Jersey: Prentice Hall (2009).

2) M. Eric, Forbes/Tech (28 January 2015). http://www.forbes.com/sites/ericmack/2015/01/28/bill-gates-also-worries-artificial-intelligence-is-a-threat/

3) B. Nick, “Superintelligence: Paths, Dangers, Strategies”, 1st Ed., Oxford: Oxford University Press (2014).

4) L. Szilárd, 'Improvements in or relating to the transmutation of chemical elements' (28 June 1934). http://worldwide.espacenet.com/publicationDetails/biblio?CC=GB&NR=630726&KC=&FT=E&locale=en_EP

5) M. Brundage, 'Limitations and risks of machine ethics', *Journal of Experimental & Theoretical Artificial Intelligence*, 26 (3), 355-372 (2014).

6) D. Murphy, 'Amazon algorithm price war leads to $23.6-million-dollar book listing', PC Mag (23 April 2011). http://www.pcmag.com/article2/0,2817,2384102,00.asp

7) R. William, 'Auto makers try to stop the gear heads', *Wall Street Journal* (8 July 2015).

8) BBC News, 'New York City bans supersize sodas' (13 September 2012). http://www.bbc.co.uk/news/world-us-canada-19593012

9) T. Dean, M. Marshall, 'Facebook's planned customer- data change called 'land grab' by publishers', VentureBeat (9 July 2015). http://venturebeat.com/2015/07/09/facebooks-planned-customer-data-change-called-land-grab-by-publishers/

10) J. C. R. Licklider, 'Man-Computer symbiosis', IRE Transactions on Human Factors in Electronics, HFE-1, 4-11 (1960). http://groups.csail.mit.edu/medg/people/psz/Licklider.html

11) C. Frey, M.Osborne, "The Future of Employment: How Susceptible Are Jobs to Computerisation?", Oxford: Oxford Martin School (2013). http://www.oxfordmartin.ox.ac.uk/publications/view/1314

12) Iowa Farm Bureau, Iowa AgState Big Data Report (18 December 2014). https://www.iowafarmbureau.com/Article/Iowa-AgState-Big-Data-Report

アナリティクス(ビッグデータ分析)

2・1 はじめに

ここ数年で，**アナリティクス**（分析）の分野が，際立った進展をみせている．この進展のキーワードは**ビッグデータ**である．ビッグデータとは何だろうか．

顧客情報，財務情報，販売情報などの構造化されたデータはデータベースで管理されている．この構造化されたデータは，リレーショナルデータモデル*のルールにのっとっている[1]．一方，構造化されていないデータ（非構造化）がある．世界のデータの約 80 %は構造化されていない，すなわち，リレーショナルデータベース規則に従っていない非構造化データである．非構造化データは構造化されたデータの 15 倍のスピードで増加している．非構造化データには，企業の電子メール，財務報告，顧客の反応，ブログ，オンラインレビュー，インスタントメッセージ，ツイート，画像，動画，グラフなどが含まれている．非構造化データから抽出される知見は，高い価値をもたらす機会になると期待されるが，多くの企業や組織にとって未知の領域でもある．

ビッグデータの“大きい”とはどういう意味だろうか．大きいという言葉の背後にある意味については他の文献にも書かれている[2]．本書の目的から，ここでは“大きい”とは“データ量が多い”という意味ではなく“価値が大きい”ということを意味するものとする．ビッグデータのデータ量は，メガバイト，あるいは，ペタバイトかもしれない．より重要なことはデータ量ではなく，どれくらい有用な情報がそのデータに含まれているかということである．ボイジャー 1 号・2 号から送信された大量のデータは，テラバイトに達していなく

* 訳注: リレーショナルデータモデルとは，関係データベースのことであり，データを表として管理する．

ても高い価値がある*．今日までに，何千もの査読付き論文が，このデータを使用して発表された．そして，それらの論文のお陰で，私たちの太陽系に対する理解に革命をもたらした．

つまり，重要なのはどれくらいのデータが存在するかより，そのデータで何が行えるかである．図2・1は，データから実用的な知識を得るためのプロセスを示している．私たちは，何十年もの間，このプロセスをどのように実行するかを学んできた．そして，新しい技術と文化の変化が起こると，すでに知っているはずのことを，継続的に再発見することになる．最も重要なプロセスは計画フェーズである．計画フェーズでは，どのようなデータを使用するか，そのデータをどこから収集するか，どのくらいのデータ量を収集するか，どのくらいの頻度で収集するか，そして，すべてを管理するための方針を決定する．また，データに問題があった際，誰に最終決定権があるかということを示すため，データの所有者も決めておく．これは難しい問題である．誰が顧客のデー

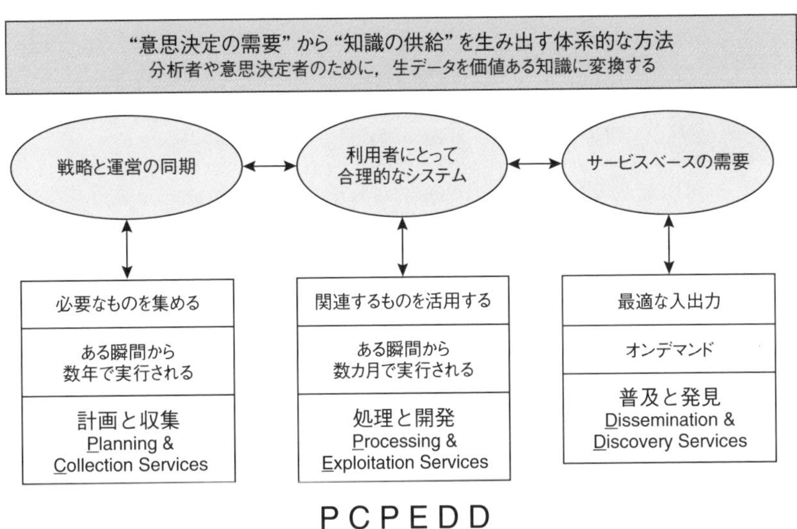

図2・1 生データを価値ある知識に変換するプロセス

---

* NASA JPL, Voyager——The interstellar mission, http://voyager.jpl.nasa.gov/mission/didyouknow.html

タを所有するかということは，多くの企業にとって最も議論となる問題である．つまり，誰が顧客を管理する方法を決め，データに責任を負うかということを決める．残念なことに，同じ社内でも顧客データを別々の部門が管理し，結果として顧客データの管理のバランスが崩れていることが多い．

そこで，生データの収集から実用的な情報を生み出す取組み，つまり，**OODAループ**（または**ボイドサイクル**）と整合性のあるアナリティクス（分析）手法を開発する取組みが重要となる（p.12，図1・2参照）．図2・2は私たちが過去10年間かけて開発し，適用し，洗練したプロセスである．そのプロセスを**PCPEDDプロセス**といい，Planning（計画），Collection（収集），Processing（処理），Exploitation（開発），Dissemination（普及），Discovery（発見）から成る．中心となる考え方は，“オートノマスに必要とされる意思決定には，実用的な情報の供給が求められる”ということである．PCPEDDプロセスでは，実用的な情報を作成するために必要なデータを集め，知識を活用して意思決定を行い，意思決定の内容が実行する当事者に伝えられる．PCPEDDプロセスを以下で詳し

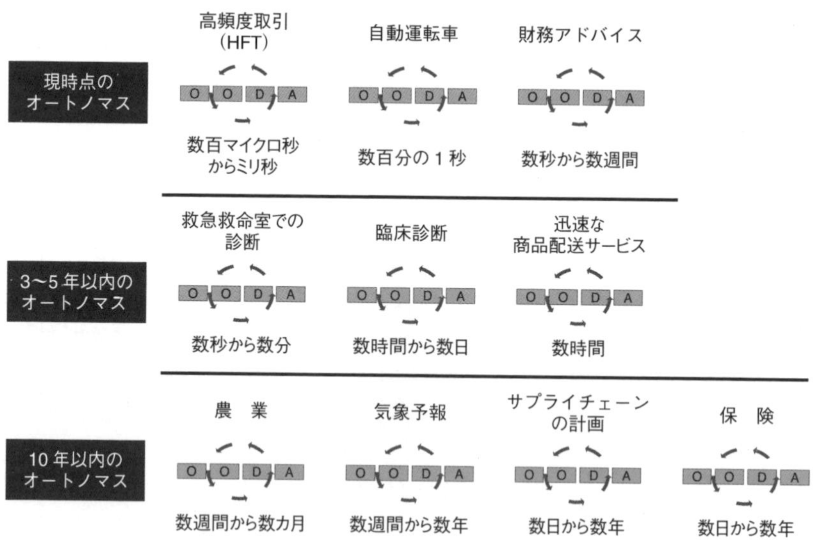

図2・2　ビジネスモデルごとに異なる時間尺度（タイムスケール）でPCPEDDプロセスを実行する

く説明する．

経験的な発見として，“アプローチが正しいかどうかを判断するためには，最小のデータ量でプロセス全体をみわたせばよい”ということがわかった．PCPEDDプロセスを設計する際，どのようなアルゴリズムを使用するのか，どのようなデータが重要なのか，データをどう整えるかなど無数の決定を行う必要がある．最初はデータ量を抑え，データ量を増やしながら何回もPCPEDDプロセスを実行すると，最適な結果となることがわかった．

PCPEDDプロセスの時間尺度（タイムスケール）は，それが実行されるコンテキスト（文脈）によって決まる（図2・2）．高頻度取引（HFT）システムではPCPEDDプロセスは数百マイクロ秒ごとに実行される．自動運転車は数百分の1秒ごとにPCPEDDプロセスを実行する．救急救命室の診断では，数秒から数分ごとに，場合によっては，患者が搬送される約1時間前に，PCPEDDプロセスを実行する．時間尺度の長い例としてはサプライチェーンの計画がある．たとえばAmazonの場合は数日であるが，食品のサプライチェーンやインフラ開発の場合は数年かかる．

2・2 計画フェーズ

このフェーズは二つの側面がある．一つ目は戦略的計画あり，そして，二つ目は戦術的計画である．計画フェーズの実施には，多くの方法がある．議論を簡単にするために，ここでは基本的なアプローチをとる．簡潔に述べると，戦略的計画にはその組織〔企業，非政府組織（Non-Governmental Organization, NGO），または政府機関〕の戦略目標の定義が含まれるということである．戦略目標とは，懸念が高まり続ける中でその組織に求められる重要な活動である．この戦略目標を，細分化した活動に分解することは難しい．結果として，この細分化した活動を実行することで戦略目標が達成されなければならない．この細分化された活動が戦術的計画となる．つまり，完了したときに戦略目標が達成されるよう，IT（Information Technology），プロセスの再設計，顧客維持プログラムなどの個々の活動が実行される必要がある．

図2・3は架空の小売企業における戦略目標の細分化例を示している．戦略目標は，売上高を前年同期比で10％増加させることである．この戦略目標は，

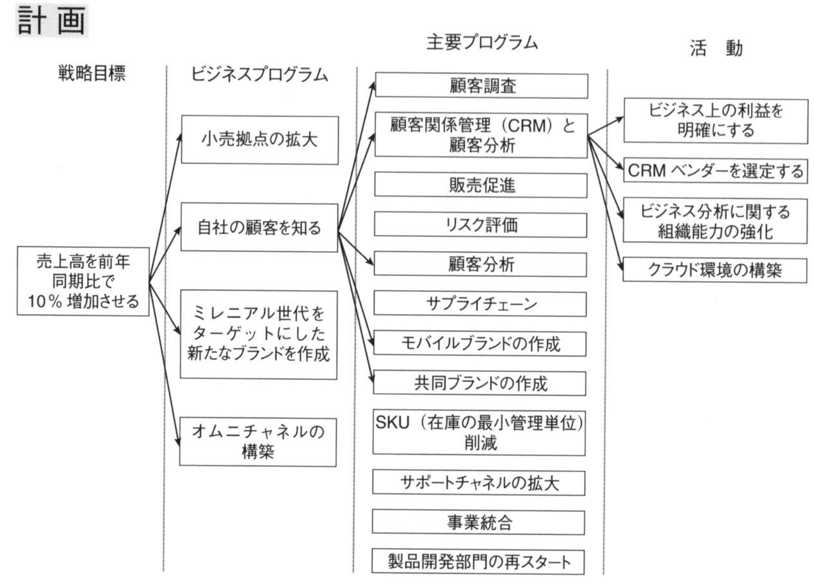

図2・3 計画プロセス 小売企業における戦略目標の細分化例.

いくつかあるうちの一つである．次の段階はビジネスプログラムであり，戦略目標を確実に達成するために実施する必要がある取組みである．この小売企業は，新規または既存の取組みを修正した四つの主要なビジネスプログラムを選択した．プログラムの内容としては，小売店の数を増やし，新規または既存の顧客についての重要な知識を収集し，ミレニアル世代*をターゲットにした新ブランドを作成し，複数の販売チャネルを連携し連続的に販売（オムニチャネル）することを決定した．これらのビジネスプログラムはそれぞれを実現するために実行しなければならない複数の主要プログラムに展開される．主要プログラムでは，自社の顧客を知るため，より効果的な顧客調査の実施，顧客関係管理（Customer Relationship Management, CRM）の導入，全社的に適用する顧客分析指標の定義，新たなモバイルブランドや共同ブランドの立上げ，パートナーの選定，パートナーシップの構築などが必要である．CRMおよび顧客分析

＊ 訳注：米国では2000年前後に成人を迎えた世代を，ミレニアル世代とよぶ.

に関する活動では，ビジネス上の利益を明確にし，CRM ベンダーを選定して実施計画を完成させ，クロスチャネルおよび非構造データ分析の経験をもつデータサイエンティストを採用し，最新のクラウド環境への移行を図る必要がある．この小売企業は，CRM やその他の有効な技術を導入するために組織内で変更を行うなどの準備をしなければならない．

計画とは，解決すべき課題と，課題を解決するためのプロセスを定義することである．図 2・3 の作成は，自社の顧客にとって何が有効かというビジネス上の経験と知見をもった社員から成るチームには簡単である．オートノマスが代わりに作成できるだろうか．“企業の戦略目標とその戦略目標を達成するために必要なすべての活動を定義する”という目標を与えられたときに，オートノマスが作成する姿を想像できない．戦略目標を達成するためには，どのようなルールを実行すればよいだろうか．10 % の増加率が最適であることを，どのように知るのだろうか．その情報が与えられたとき，ミレニアル世代向けブランド戦略の必要性について提言するようなニューラルネットワークを構築するためには，どのように学習させればよいのだろうか．オートノマスには，どのようなデータがあれば，CRM による顧客分析を必要とする企業の内部，外部の取組みを統合できるだろうか．人間の関与なく，この単純な図表でさえ独自に作成することができるオートノマスはなかった．

上記の否定的な結論は，“人間の関与なし”という部分が重要である．人間とオートノマスのパートナーシップはどうだろうか．Apple の人工知能 Siri と対話するように，最高経営責任者（Chief Executive Officer，CEO）と経営チームがオートノマスと対話する場面であれば想像できる．人間がオートノマスに質問し続け，オートノマスの思考を加速するデータや分析結果を提供することによって，図 2・3 の作成の同意に 3 カ月を費やす代わりに，2 日間のオフサイトミーティング（現場から離れて行う会議）で作成できてしまう．オートノマスが，企業の方針に沿った指示を実行するために，企業ごとに明確な基準をもつことが重要である．たとえば，オートノマスは，ミレニアル世代向けのブランド戦略に関する多様な取組みの結果について，インターネット上からデータを取得し，要約して，経営チームに伝えることができる．競合他社が事業を拡大している場所や事業を閉鎖した場所を迅速に評価できるため，企業が同じような過ちを繰返すことはない．オートノマスは，公開データベースや非公開かつ有料のデータベースを活用し，迅速にクラスター分析を行って，いかなる数の条件をつけても小売企業にとって最適な立地を決定できる．計画プロセスの最後には，チームが実行すべき活動と，意思決定するため関係者に対して収集，処理，活用，配布が必要なデータについて把握する．オートノマスは，必要なデータの収集および処理する方法の基準を作成することもできる．また，オートノマスは，新規および既存の IoT を活用できることなど，データソースに関する選択肢を提供できる．さらに，オートノマスは，関係者が望む方法で実際に意思決定に使用できることを示すため，関係者に提供される分析例を経営チームに提示できる．経営チームにおけるオートノマスの重要な価値は，戦略的計画および戦術的計画において迅速な結論への収束を実現することである．これと同時に，既存データで初期の結果を示し，取組み全体を検証できることである．このような取組みは，人間だけで行うと数カ月から数年かかる．人間とオートノマスのパートナーシップは，全体的な計画の作成と検証を加速させるはずである．

2・3 収集フェーズ

収集フェーズは，オートノマスおよびオートノマスによる管理に適したフェーズである．データの収集は，データサイエンティストや分析の提供を任された他の関係者の生活を支配する．収集フェーズと処理フェーズは，たとえ，これに要する時間が数百マイクロ秒だろうと 5 年だろうとも，その PCPEDD プロセス全体に要する時間の最大 90 % を占めるかもしれない．このフェーズは，構造化データと非構造化データを生成する **IoT**（Internet of Things，モノのインターネット）によってますます支配的になる．非構造化データは今日発生しているデータの 80 % 以上を占め，その量は時間とともにゆっくり増加すると予想される．非構造化データには，企業の電子メール，財政報告，顧客の反応，ブログ，オンラインレビュー，インスタントメッセージ，ツイート，画像，動画，グラフなどが含まれる．非構造化データの問題は，データを受取る側がデータを取得するプロセスをほとんど制御していないということである．ソーシャルメディアのデータを感情分析のために使用したいと考える企業は，データから貴重な情報を抽出するために，収集プロセスと構造化処理を慎重に実行する必要がある．

長期にわたり適切なデータを収集し，その収集プロセスを進化させるために必要とされる企業内の能力を整備するためには，何年もかかることがある．構造化されたデータの収集は容易である．なぜなら，構造化されたデータは，明確に定義されたAPI（Application Programming Interface　p.78参照）が組込まれたセンサーから提供され，契約で合意した品質条件に適合しているためである．

オートノマスは収集フェーズをどの程度，実行できるのだろうか．収集のための方針が適切に定義され，変更方法も管理されているならば問題なく実行できる．オートノマスを実装した最新のシステムは，カメラなどの物理センサーやオンライン上の仮想センサーなど，何千ものセンサーを搭載できる．定型的なデータの収集活動は，オートノマスによって管理できる．オートノマスがそのドメイン内で発生した変更を検出した場合，取得するデータの種類，データを取得する速度を調整しながら，処理プロセスおよび開発プロセスに変更を加えたPCPEDDプロセスの結果を使用できる．たとえば，防空システムは完全なオートノマスである．なぜならば，防御システムが脅威を感知すると，収集プロセスを迅速に変更し，その潜在的な脅威が本物であると確認できた場合には，他の戦闘空間センサーからより多くの情報を取得できるためである．これはすべて，人間が判断を実行することが不可能な時間尺度（タイムスケール）で行われるだろう．脅威が現実になったとき，人間は必要に応じて攻撃許可を出すか，または事前に防空システムが攻撃を独自に決定するように指示もできる．重要な点は，オートノマスは脅威に関する収集データを最適化するため，非常に短い時間尺度で収集プロセスを何度も修正できることである．

2・4　処理フェーズ

処理フェーズもまた，オートノマスおよびオートノマスによる管理に適したフェーズである．計画フェーズでは，いつデータを収集するか，すべてのデータを処理するときに遵守するルールはどのようなものかを事前に決める．そのルールは生データを実用的な情報に変換するプロセスに関するものである[3)]．データの準備や例外データの除去などのデータクレンジングは，PCPEDDプロセスのほとんどの時間を費やす退屈なプロセスである．概算では PCPEDD プロセスの約 60〜90 %が処理フェーズである．処理フェーズは二つの基本的な手順がある．**データクレンジング**（data cleansing）と**データエンリッチメント**（data enrichment）である．

データクレンジングとは，生データから問題を取除き，新たなデータに変換することを意味し，オートノマスにさらなる処理をさせるための形成や階級区分をさす．これは簡単に聞こえるが，実際には困難な作業である．恣意的になる恐れもあるが，正しい決定を下すためには必要な作業である．後続のプロセスでは，使用される情報が正確かつ最適であることを前提としている．データに対する初期の修正は，不良データの処理である．不良データの発生経緯は多様である．たとえば，データを手入力する場合のファットフィンガーシンドローム*1 や伝送エラーによる例外的な値のデータ，誤った形式のデータ，または，故障した IoT のセンサーから異常なデータが送信されることなどがある．そのため，不良データを統一的に処理し，明確に定義された基準に沿って不良データの置換えや除去のための方針が必要である．たとえば，時刻や日付の文字列が hh:mm:ss.ss/mmddyyyy という形式で定義されているのに，送られてきたデータが ddmmyyyyhhmm や，hhmmss.s:ddmmyy，yymmdd など他の形式であった際の，対処方法を示す方針である．この特定の方針はアルゴリズムがデータを適切に処理できることを保証しなくてはならない．他の例として，単位の問題がある．IoT から送られる情報は機器ごとに異なる特定の単位であり，それらは国際単位*2，米国慣習単位*3，帝国単位*4 で出力するように構成されている．ここでの問題は，測定システムが混在している場合，互いに関連する複数の測定システムが，同じ測定対象に対し測定システムごとに異なる数値を示してしまうことである．この問題は火星探査機であるマーズクライメイトオービタ

---

*1 訳注: “太った（親）指の問題（fat-finger syndrome）” とは，指が太いため誤入力する問題である．

*2 訳注: 国際単位（International System of Unit，国際単位系ともいう）とは，メートル条約に基づく国際度量衡総会で採択された，世界で通用する単位系である．

*3 訳注: 米国慣習単位とは，英国の帝国単位から発展した米国の一般社会で用いられるヤード・ポンド法などである．

*4 訳注: 帝国単位とは，英国の度量衡法で定められた英国で用いられるヤード・ポンド法などである．

(Mars Climate Orbiter, MCO) に起こった[4]. MCOに搭載されていたサブシステムは，米国慣習単位として出力するべきデータを，国際単位として出力した. データを受信した2番目のサブシステムは，国際単位のデータを処理するようにプログラムされていた. その結果，探査船は軌道から外れ，高度が下がりすぎ，大気圧の負荷により崩壊した. この場合は，メタデータを調べ，入力データの単位を確定し，必要に応じてそのデータを変換するための方針を作成しておくべきであった.

クレンジング処理が完了すると，顧客データは他のデータによって強化され，次に行われる開発処理のために必要とされる完全なデータセットが形成される. 多くの場合，オートノマスには複数のデータストリームが入る. そのため，オートノマスはデータを結合する前に，複数のクレンジングプロセスを同時に実行する必要がある. クレンジングされたデータを組合わせ，オートノマスの処理ニーズに基づく新たな属性や機能を形成できる. 典型的な変換としてはデータモデルを構築することである（たとえば，重回帰，クラス分類，クラスタリングなど). そのうえで，異常な分布やロングテール状の分布に従うデータについては，より正規分布に近づけるように変換する. ビン分割*できるほど大量のデータであれば読み飛ばすことができる（たとえば，1ミリ秒ごとに1データが発生する時系列データに対して1秒単位でビン分割するなどである). 非数値データであれば二分変数データに変換する（たとえば，0と1). そして，一般的な形式へとデータを変換する（たとえば，すべての位置データを郵便番号に変換する). 別の一般的な手法としては，今後利用される新しい属性または機能を作成するために，データに主成分分析を実行することである.

また，処理フェーズは**80対20の法則**（パレートの法則）が有効である. 通常，処理フェーズの80％はオートノマスで管理できる. さらに多くの場合，データに関する予期しない問題や，最後に残った処理の実行が困難なために，人間が完了する必要がある処理が全体の20％程度残る. つまり，オートノマ

＊ 訳注: ビン分割とは，身長や体重など，連続した値をとるデータを処理する際に，あたかもいくつかの瓶（ビン）に仕分けるように，任意の境界値（10刻みなど）で区切り，カテゴリー分けして離散値に変換することである.

スに対し，この残りの 20 %のデータにも統一して適用できる規則を明確に定義することは困難である．処理フェーズの目標は，できるだけ多くの処理を自動化することである．データの品質が高ければ，処理を 100 %自動化できる．たとえば，明確に定義されたデータが信頼性の高い発生源から送られる高頻度取引（High Frequency Trading，HFT）である．HFT は，データおよび収集プロセスが不変であることから恩恵を受ける．オートノマスである HFT は，取引オプションの新たな方向性を決定するために入力データを利用する．そして，HFT は新たな方向性を反映するために基本モデルを取得し変更する．この段階でのオートノマスの学習の大部分は，予期しない 20 %の問題に対処する方法に関するものである．したがって，この 20 %に対処する学習方法としては，オートノマスが徐々に学習するため，人間とオートノマスのパートナーシップが必要となるだろう．

この時点までに約 80 %の処理が実用的な情報を作成するために行われた．多くの時間は，初期段階から経験をもとに設定された強力なデータ統制プロセスに基づき，データの検索，収集，処理のために費やされる．データのクレンジングは，オートノマスの開発者にとって最も困難で時間のかかる作業である．

いったん，データをクレンジング方法に関する知識が蓄積されると，後はそれほど苦にならない．

2・5　開発フェーズ

開発フェーズは，データマイニングと予測モデリングを対象とするため，最も関心が高いフェーズである．多くのビジネススクールには，ビジネス分析やデータサイエンスに関する学位課程がある．それらの教科課程は基本的に開発フェーズに関するものである．このフェーズで入力されるデータは処理フェーズで準備され，関係者が意思決定を行うために必要な予測モデルやその他の成果物が出力される．このフェーズでは，オートノマスが人間とともに経験を積む必要がある．したがって，オートノマスのコンポーネントが機能するまでに最も時間がかかるフェーズとなる．Google が自動運転車を何マイルも走らせている理由はここにある．Google は多様な状況においてより多くのデータをオートノマスに入力する必要がある．それは，IoT が正しい頻度で正しいデータを作成し，オートノマスにできるだけ多くの環境で自動車を操作する方法を学習させるためである．

このフェーズを理解する最も簡単な方法は，予測モデルの“教師あり学習”と“教師なし学習”という 2 種類のアルゴリズムについて考えることである．“教師あり学習”は，教師データとよばれる変数が含まれる際に用いられる．この変数は，実際にはモデルによって予測する．収集されたデータは教師データと統合され，予測モデルは統合されたデータをもとに構築される．予測モデルは教師データを予測するように設定され，そして，予測した値を実際の値と比較する．予測モデルは，オートノマスまたは人間によって設定された精度で正確に教師データの予測ができたとき，本番適用の準備が整ったことになる．このように，“教師あり学習”は，教師データによってラベルづけされた既知の分類ビンにデータを分類できる．

基礎となるデータに教師データがまったくない場合，“教師なし学習”が適用される．この場合はデータをいくつかのクラスターに分類する方法がとられる．これは**クラスタリング**とよばれ，データは他の属性によって決められた特定の大きさをもつクラスターに分類される．各クラスターが何を意味しているか，または，クラスターが互いに対して何を意味するのかはアルゴリズムからは示されないため，利用者が試行錯誤しながら意味づけする必要がある．出力されるのは，分類されたデータのグループ群またはクラスター群であり，何らかの意味を各クラスターに関連づける必要がある．

開発フェーズの入力が非構造化データである場合，有効な予測モデルと分析を導出することは困難である．非構造化データから抽出される知見は，高い価値をもたらす機会になると期待されるが，多くの企業や組織にとって未知の領域でもある．アナリティクス（分析）技術は，非構造化データから知見を得るために，ますます重要になっている．非構造化データを分析する際の重要なステップは，データエンリッチメント（データの強化・改良）の処理を行うステップである．非構造化データは，構造データを含む他の多くの形式のデータを強化および改良するために活用されている．特に時系列データの場合，そのデータ自身でデータを強化することもできる．データの特性は時間とともに変化する可能性がある．たとえば，HFT（高頻度取引）は，継続的に価格データを監視し，新しい投資レポート，CNBC（米国の金融・ビジネス系ニュースチャネル）の配信，投資損益に関する電話会議の録音をチェックし，将来の価格変動をモデル化し予測する．

オートノマスは，特定のオートノマスに関連づけられた時間尺度でデータマイニングの新しい方法や，強力な予測モデルや，模範的な予測モデルを発明できるだろうか．確かに，他のオートノマスを含む情報システムや利用者からのフィードバックをもとに常に最適化されているAIは存在する．オートノマスがすでに学習しており，自然なオートノマスの時間尺度でビジネスのコンテキスト（文脈）に応じて動作するならば，できるだろう．簡単な例で十分に説明できる．Googleは，カリフォルニア州マウンテンビューの路上においてオートノマス，すなわち自動運転車を学習させている．オートノマスは，通常の交通状況とともに，危険な状況に直面した場合の対応方法を学ぶために，多様な状況ですべての道路を運転する．自動運転車は，ほうきでアヒルを追いかける車椅子の女性に遭遇したこともある．しかしながら，オートノマスは，駐車車両の陰からボールが転がって来た後，ほぼ確実に子供が飛び出してくることを，どれくらい理解しているだろうか．子供のために停車したが，薄氷を踏んでスリップし始めたらどうするだろうか．その後，何が起こるか予測できるだろうか．薄氷はマウンテンビューでは珍しいが，シカゴでは一般的である．シカゴで運転する場合，Googleのオートノマスはどれくらい有効だろうか．雪，雹（ひょう），雷雨の中で自動運転車を運転する方法はわからないだろう．サイレンが竜巻の襲来を知らせているのか，竜巻を生み出す可能性がある嵐の方向に向けられているのかということもわからないだろう．マウンテンビューで運転するように訓練されたオートノマスは，マウンテンビューのような町で運転するならば大変役に立つ．しかし，マウンテンビューとは異なる場所で運転すると，乗客や他の自動車に重大な危険をひき起こす可能性がある．

マウンテンビューで学習し，シカゴで運用するGoogleのオートノマスには，いくつかの共通要素がある．道路交通法の多くの部分は同一であり，シカゴで発生する問題とマウンテンビューで発生する問題は類似している．しかしながら，オートノマスは，シカゴの好戦的な歩行者に対応するために，より多くの時間を学習に費やさなければならない．過去の歴史が示すように，Googleのオートノマスは，全国の少数の都市において，可能な限り多くの困難な状況に遭遇するべきである．これにより予測モデルとしては，学習結果を関連づけて学習していない多くの状況にも適用できる方法を開発することになるだろう．

2・6 普及フェーズ

普及フェーズでは，実用的な情報が関係者に提供される．新しい普及の方法としては，オートノマス同士による方法と，M2M（Machine to Machine）による方法がある．普及フェーズでは，ブロックチェーン（5・2節参照）が，人間，多様な組織，オートノマス間のやり取りを記録するために機能する．何百万もの人間，組織，オートノマスの間にミリ秒単位の速度で発生する取引がどのように処理されるのか理解することは難しい．資産の交換を必要とする取引の場合には，PayPalは取扱えない．金融取引などほとんど取引は，金融市場やHFTとよく似ている．資本市場における取引の当事者は，PayPalを使用せず，ブロックチェーンを活用している．

普及フェーズは無償ではない．流通している情報は，個人，組織，機械から無償で提供されるが，情報の送り手と受け手は，送受信を行う機器に対価を支払っている．ほとんどの場合，流通している情報は，送受信される速度に関係なく，有償である．典型的な例として，LexisNexisがある．同社は，米国で作成されたほとんどの法的文書や公文書のデータを契約会員に提供している．価格や取引高などの市況情報を20分遅れで知りたいならば無料である．しかし，リアルタイムでデータが欲しい場合には，あなた自身か取引仲介業者のいずれかが，その取引に対価を支払わねばならない．多くの企業では，デスクトップPC，ノートPC，タブレット，スマートフォン上のダッシュボードにビジネスの分析情報を配信する．

M2M取引は，人間やその組織が直接関与する取引を凌駕し，最も一般的な取引方法となりつつある．世界中で業務に使用される機械の数が増加するとともに，より多くの取引が発生している．そのよい例が，完全に自動化された工場である．

また，航空機の資金調達にルーツをもつ興味深いビジネスモデルが開発され始めている．ほとんどの人は，航空会社が航空機を資産として所有していないことに気づいていない．航空機は，航空会社に航空機をリースしている他の組織によって所有されている．同様に，工場に設置されている複雑な機械や産業用ロボットが，工場の所有者ではなく，別の組織がそれらを所有し工場にリースするというビジネスモデルも存在する．機械の所有者は，機械の保守点検に責任を負う場合もあれば，責任を負わない場合もある．実際，機械の所有者は機械の保守点検作業をサービスとして，さらに外部に委託する場合もある．このように，工場は生産設備を帳簿上に計上する必要がなくなっている．工場の機械，特に，高度な設定が可能で柔軟性の高い産業用ロボットが，アナログコンピューターからもオートノマスに進化するにつれて，リースに対する魅力が高まっている．高度にオートノマス化された工場は，20 世紀の工場よりもデータセンターに似ている．データセンターには，オペレーティングシステム，クラウドアーキテクチャとその技術，ネットワーク技術，システム管理，ITIL*，運用管理の専門家が必要である．つまり，工場のロボットはアクチュエーター（作動装置）を備えたサーバーになりつつある．サービスに必要な技術者は，道具箱を持った修理工というよりクラウドアーキテクト（cloud architect）となる．

工場の機械はどのように課金されるのだろうか．完全にオートノマス化された運用環境の工場では，特定の機械の使用については，人間，あるいは，工場内のオートノマスからの指示に基づいて調整される生産量によって決められる．それぞれの機械が製品を製造するたびに，その機械は自身のブロックチェーンに情報を追加し，毎月ではなく数秒または数分の時間尺度（タイムスケール）で製造した分の料金を工場の所有者から受取る．工場の所有者は毎分いくら支払いが発生しているかを即座に把握でき，数分から数時間の時間尺度で機械の使用を調整し，詳細なレベルで費用を管理できる．オートノマス化された工場の特性が明確になれば，関連するすべての工場全体をオートノマスにするため，最終的にすべての操業をひき継ぐようにオートノマスに学習させる．オートノ

＊ 訳注：ITIL（Information Technology Infrastructure Library）とは，IT 運用など IT サービスマネジメントのベストプラクティス（最優良事例）を体系化したものである．

マスは，それぞれの工場の機械と通信し，できる限り早く次の製品を組立てる方法や，設定の変更によって生産する製品にどのような影響がもたらされるのかについて学習できる．そして，オートノマスは，それらを人間では不可能な時間尺度と費用で実行してしまう．

2・7 発見フェーズ

発見フェーズでは，これまで人間が意思決定し実行していた．オートノマスの主要な目標は，データから作成されたモデルと，そのシステムが動作する環境のコンテキスト（文脈）をもとに意思決定し，行動できるようにすることである．これは，オートノマスを最も価値あるものにする活動だが，実現は困難であり，倫理的な問題もある．

人類の歴史を振返ってみよう．1700 年代以前は，最初に人間が，次に人間と動物がともに働いていた．人間は，何を植えるのか，何を建てるのか，それをどう造るのか，誰を攻撃するのか，どのように攻撃するのか，そして，唯一の武器であった剣やこん棒を持つ人間をどのように使うことが最善かについてすべての意思決定をした．産業革命から現代までの間，機械は一つのことを繰返し行うように構築された．コンピューターのお陰で機械は複数のことを繰返しできるようになった．そのため動物たちは仕事を失い，私たちはその動物をペットや，賭け事の対象，さらには，食用にした．それでも，人間はすべての意思決定をしていた．

オートノマス革命は，オートノマスがすべての仕事を行い，すべての意思決定を行うものと定義できる．それでは人間はどうなるのだろうか．オートノマスは人間のために仕事をしている．しかし，最終的には人間のためではなくオートノマス自身と他のオートノマスの機械のために仕事をする．オートノマスが人間のための仕事をするならば，人間は何をすればよいだろうか．オートノマスが自分自身や他のオートノマスのために仕事をするようになったとき，人類は存続できているだろうか．それともオートノマスは人類をペットや賭け事の対象，あるいは，人類を食用にするのだろうか．

オートノマスが意思決定する範囲は現在のところ限られている．特定のビジネスプロセスが，製造業や鉱山の採掘作業のように自動化されており，オートノマスによって実行される．オートノマスを搭載した自動車や航空機は，特定の機器を制御し自動操縦を行う．ただし，オートノマスの範囲は拡大しており，今後も拡大し続けるだろう．オートノマスは，自動運転車や，ドローン，現在は航空機だけが行っている商用飛行の重要な領域へと拡大するだろう．最終的に，オートノマスは，保険業では，保険金請求処理をはじめとする主要なビジネスプロセス全体を管理し，生命保険会社の1000億ドル（約11兆円）以上のポートフォリオを管理するようになる．また，オートノマスは，採掘から部品組立や最終製品までの製造業者のサプライチェーンの管理，農場の運営，食肉処理場の運営，ロジスティクスサービスの運営，複雑な裁判の判決宣告なども行うようになる．人間の意思決定とオートノマスの意思決定に至るまでのプロセスの軌跡をたどると，そのプロセスごとに異なることがわかる．クレーム管理やポートフォリオ管理などのプロセスは，サプライチェーンの運営よりも早期に自動化されることが予想される．サプライチェーンには，細かく，分断された多くのサブプロセスがある．サプライチェーン全体の自動化は，下部構造から上部構造に向かって進む．各サブプロセスは自動化されるため，それらを自動化し連携して動作させるために統合する必要がある．この統合は過去に困難であることが証明されている．その理由は技術的な理由ではなく，政治的および政策的な理由だった．ロジスティクスサービスの自動化と，自動化がまねく失業との統合点では，人間がこの自動化プロセスに抵抗するため，自動化は遅れるかもしれない．しかし，抵抗勢力が自動化プロセスの開始を遅らせようとする取組みを逆手にとり，自動化を強制する取組みに転換することもできる．

意思決定の自動化が普及すると，ようやく研究され始めた倫理的な懸念にもつながる．オートノマスの倫理に関する最新の問題としては，オートノマスを搭載した武器が行う自動的な意思決定の適用がある*．オートノマスを搭載した兵器による軍拡競争の恐れは，大国だけでなく，小国やテロ組織など，すべてに広がっている．核兵器に対する参入障壁が非常に高いのに対し，武器を搭載したドローンに対する参入障壁は低い．オートノマスを搭載した武器は，グレネードランチャー（擲弾（てきだん）発射器）や自動ライフルと同じくらい入手が容易で

* Autonomous weapons: An open letter from AI & robotics researchers (28 July 2015), http://futureoflife.org/open-letter-autonomous-weapons/

あるため，オートノマスを搭載した武器からは，より多くの戦術的な用途が生み出されるだろう．自動ライフルの使用の規制が困難であることは，戦術的な用途のためにオートノマスを搭載した武器を規制することも規制当局によって同じく困難であるという証拠を示す．司令官が部下の兵士にライフル，弾薬，遠隔操作で攻撃する多くのドローンを与えることが想定される．

オートノマスの武器の中には，人間の介入のない自動化された意思決定が受容されているものも存在する．それらは，防空システムのように，防御的な機能しかもたない武器である．問題は，攻撃に向けた意思決定のループから人間が外されることである．攻撃的な武器の使用を禁止することができるだろうか．禁止の議論に対する反論は，魔人ジーニーが魔法のランプの外に出てしまうのも，オートノマスを搭載した武器が戦場に出回ってしまうのも，ともに不可避であるということである[5)]．家電量販店 Best Buy で購入したドローンは，簡単に入手できる材料で作られた爆薬を積み，殺人ドローンとして GPS（Global Positioning System，全地球測位システム）誘導により飛行させ爆発させることができる．爆薬を作成できれば，誰にでもオートノマスを用いて自爆テロができる．オートノマスを搭載した攻撃的な武器に対して制約を課すべきではないかという議論は，何年も続いているが，オートノマスを搭載した武器に注力している国は，制約を課されることに抵抗するため，合意形成は難しいだろう．

オートノマスが効果的な意思決定を下す能力は，肉体労働（ブルーカラー）よりも事務労働（ホワイトカラー）の仕事に，より多くの影響をもたらす．オートノマスによる意思決定の幅と深さの進化は，徐々に多くのホワイトカラー労働者を余剰人員化させるだろう．人々は，オートノマスによって，工場の仕事や高等教育を受けていない労働者の仕事が奪われることを心配している．オートノマスは徐々に大学や大学院の教育を受けた労働者に取って代わり始めるだろう．つまり，一定の規則をもとに定義できる仕事は，オートノマスによって実行されるようになる．

しかし，これは失業率 40 %以上の大規模な失業の発生を意味するのだろうか[6)]．すべての仕事が一定の規則によって定義できるわけではない．言い換えると，業務上，人間が行わなければならない意思決定は一定の規則をもとに成文化できる．芸術的な才能，革新を起こす才能，創造的な開発を行うための才能を必要とする仕事は，オートノマスの脅威がほとんど問題にならないことがわかるだろう．オートノマスは改善し続け，より高速になる．そして，オートノマス自体が認識せず，意図していなくても，一定の規則に基づかない活動に対してもシミュレートするようになるだろう．それは非常に速く動作するだけでなく，すばやく学習できるため，“汎用人工知能（artificial general intelligence)”あるいは人工の“超知能（artificial superintelligence)”にみえてしまう．この錯覚は，これまでの歴史を参考にするならば，政府機関は事態を悪化させる規制対応を行うという重大な結果をもたらす可能性がある．

歴史が参考になるならば，主要な技術的かつ産業的な変化が，既存の仕事を奪い，新しい仕事を生み出すことは明白である．PC が革命をもたらしたとき，誰も 30 年後にモバイルアプリケーションの開発者やデータサイエンティストのような仕事が必要になるとは考えていなかった．先見の明がある人でも，1980 年代のスーパーコンピューターより高性能な iPhone や，ブロードバンド無線通信により，Goldman Sachs のような投資銀行でしか使えなかった取引プラットフォームを使い，個人投資家が自宅にいながら取引することを想像できなかった．これと同様に，将来的にはより多くの人間とオートノマスとのパートナーシップが生み出されるだろう．

2・8 データギャップ

オートノマス構成する情報システムに必要なデータはすべてそろっているのだろうか．別の言い方をすると，必要に応じて，業務を支援するために必要なデータをすべて収集できるだろうか．この問題を理解するために，前述の図 1・1 を参照してほしい．図 1・1 はデータの種類と時間尺度（タイムスケール）の関係を示しており，データの種類ごとにそれらを使用できる時間尺度を示している．異なる時間尺度で動作するオートノマスは，それらの時間尺度に合ったデータを必要としている．それは多様なビジネスプロセスを支援するために必要なデータの階級を示している．最も実装されていないデータは，数カ月から数年にわたって関連性のあるデータである．このデータの明白な例は，6 カ月間の正確な天気予報データである．このデータはいつでもすぐに利用できるわけではない．しかしながら，広大な地域を監視し，干ばつの発生を観測することは可能である．通常，これは衛星画像で行われる．しかしながら，農場が生育パターンや気象条件を農場レベルで監視するドローンを装備しているなら，毎日のデータが結合されるにつれて，大規模な地図上に気象条件と干ばつ状態の始まりが示されるようになる．ある特定の時点のデータだけでなく，長期間にわたり蓄積されたデータも関連している．

ビッグデータのギャップに関するもう一つの例は，現在は存在していないが，オートノマスが主要なプロセスを支援する場合に存在する可能性があるサプライチェーンの運営の可視性である．繰返しになるが，食品サプライチェーンはよい例である．オートノマスな農場運営では，ある時点で何頭のウシを飼育しているか，何種の何歳のウシであるか，そして，それらの数値が日々どのように変化するかを正確に知ることができる．利益の確保に貪欲な食肉生産者は，低価格で肉牛を仕入れるために常に酪農家に無理を強いるうえ，人為的に需要過多の問題をひき起こすためにわざと精肉の生産速度を遅らせる．一般的に食料品チェーンなどの小売業者は，卸値が生産者によって人為的にひき上げられると，食肉に対してより高い代金を支払わなければならない．この問題は，より自動化された食肉加工設備を導入し，農場と小売業者の間での需要と供給を一致させることで解決できる．小売業者からの需要に基づいて，トラックやドローン（5・4 節参照）がウシを自動化された工場に直接運び込むようになると，食肉生産者はほとんど関与できなくなる．これにより，農場にとってはより一定した利益が確保され，小売業者にはより精度の高い価格予測とサプライチェーン全体に対する影響力が確保される．

参 考 文 献

1) E. F. Codd, ‘A relational model of data for large shared data banks’, *Communications of the ACM, Classics*, 13(6), 377–387 (1970).

2) R. Walker, “From Big Data to Big Profits”, Oxford: Oxford University Press (2015).

3) D. Abbott, “Applied Predictive Analytics”, New Jersey: John Wiley & Sons (2014).

4) A. G. Stephenson, L. S. LaPiana, D. R. Mulville, *et al.*, ‘Mars Climate Orbiter

Mishap Investigation Board Phase I Report', NASA (10 November 1999).
5) E. Ackerman, 'We should not ban 'Killer Robots,' and here's why', *IEEE Spectrum* (29 July2015). http://spectrum.ieee.org/automaton/robotics/artificial-intelligence/we-should-not-ban-killer-robots.
6) C. B. Frey, M. A. Osborne, "The Future Of Employment: How Susceptible Are Jobs To Computerisation?", Oxford: Oxford Martin School (2013).

IoT（モノのインターネット）

3・1　は じ め に

IoT（Internet of Things，**モノのインターネット**）とは，センサー，すなわち，データを収集し，そのデータを他と共有することができるデバイスであると定義できる．ただし，人によって，この定義がもつ意味は変化する．人々はそれぞれ異なる視点から IoT をとらえるためである*．

消費者からみると IoT は，サーモスタットや警報システムのような他と接続し合う製品をさす．IoT によって，従来よりも効率的かつ，きめ細かなレベルで家庭内のエネルギーを管理できるようになる．

一方，ビジネスの視点において IoT は，店舗などの販売チャネルにおける決済までの場面（顧客がレジで商品のバーコードを読み取ってもらい決済するか，PayPal などのオンライン決済をするまでの行動）をさす．来店客の過去の購買情報と，店内での動画データによって観察し，顧客のスマートフォンなどにリアルタイムで販売促進を実施する．同時に，店舗では売れ筋商品の情報を把握し，商品の販売ペースに合わせて在庫量を最適化することができる．

また，IoT は過去数十年にわたり，製造現場において成熟を遂げた．IoT に関連する基本的なセンサーは，製造上の問題に対処するため，リアルタイムに生産状況を管理するダッシュボードや，安全衛生管理，品質管理の自動化をはじめ，多くの分野に活用されている．

さらに，都市インフラにおいても，配電，交通管制，水管理，公共交通機関，犯罪監視，環境品質などを管理する用途において，徐々にではあるが IoT の導

---

* McKinsey, The Internet of Things: Mapping the value beyond the hype (June 2015). http://www.mckinsey.com/business-functions/business-technology/our-insights/the-internet-of-things-the-value-of-digitizing-the-physical-world

入が進んでいる．

たとえば，シカゴ交通局が導入したIoTシステムは，GPS（Global Positioning System，全地球測位システム）によりスマートフォンの地図上にバスの位置を示すとともに，バスの到着時間を予測してくれるシステムであり，シンプルで大変人気のある活用事例の一つである．

センサーの価値は，データを収集する能力と，意思決定に適用された際のデータの価値によって測られる．図1・1（p.4）は，既存のIoTによって取得されたデータがどのような用途に活用することができるのかを理解するうえで有用である．

データがグラフ上のどこに位置しているのか，そのデータが短期・中期・長期のいずれのタイミングで役に立つのか，複数の時間尺度で活用できるのか，オートノマスを運用するために必要なモデルを作成するうえでデータが重要な役割を果たしているのか，といった視点が必要である．モデルの作成時や更新時にデータが日常的に無視されてしまうようなIoTは，誰の役にも立たない．

単一のIoTがもつ力は，意思決定に活用される人間系のシステムやオートノマス化されたシステムで使われる多数のIoTと比較すれば，必然的に劣る．新たなIPv6によるインターネット登録システムは，128ビットのアドレスを使用しており，2^{138}個のアドレス，つまり，約340澗（340兆の1兆倍の1兆倍）個ものアドレス（3.4×10^{38}）をサポートできる．この数値は，世界のあらゆるもの，たとえば，砂粒，トウモロコシの茎，海水1ガロン，小麦の茎などが，それぞれ独自のIP（Internet Protocol）アドレスをもつことができるということを意味している．

オートノマス化された農場について考えてみよう．トウモロコシの茎に関する事例は，急速な技術進化と一般的なエンジニアリング能力があるならば，オートノマスの農場システムと通信し合うIoTによって実現が可能であると推測できる．この事例においてIoTは，それぞれの茎に付着している（ノミのサイズのドローンが，芽生えたばかりのトウモロコシの茎に付着する姿を想像してほしい）．イノベーションのプロセスにおいて，トウモロコシの茎を農場のネットワークに接続させる方法は，多様なアイデアが考えられるだろう．

1000枚のトウモロコシ畑には，約3000万本のトウモロコシの茎があるが，これはそれほど多い数ではない*．それぞれの茎は場所と状態によって，個別の初期値を設定することができる．その後，数カ月間，IoTはサイズと品質に関する少量のデータを送り返し続けてくれる．どんな虫が茎に来たのか，あるいは，天気情報などの情報を返してくれるだろう．オートノマス化された農場システムは，3000万本のトウモロコシの茎すべてからの情報を集約し，作物全体の状態を監視できる．この情報は，灌がい，施肥，収穫を最適化するために使用することもできる．さらに，長期的なパターンと傾向をより理解するために，過去の類似の情報と統合することもできるだろう．

3・2 センサーの進化

センサーは大変便利であるため，機能を追加するうえで人気がある．ソフトウェア開発では絶えず起こっている現象であるが，データが利害関係者によっ

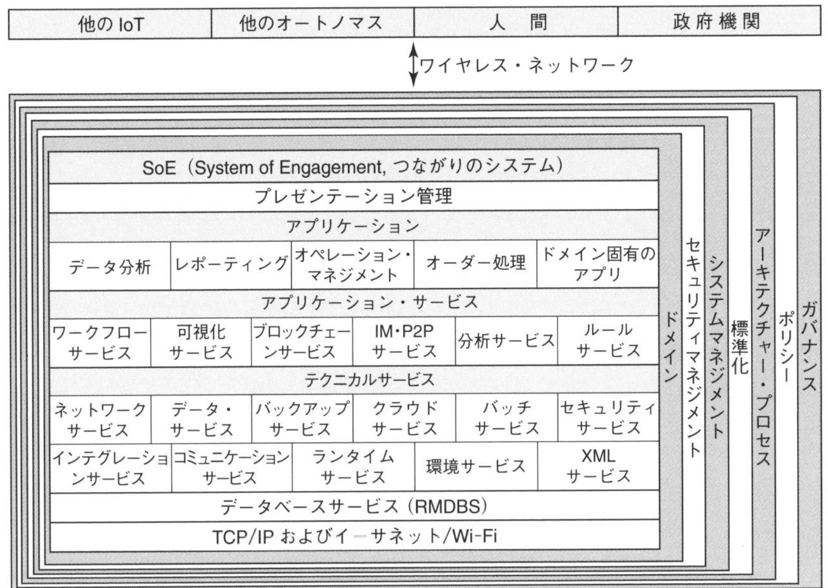

図3・1　一般的なIoTのためのテクノロジー・プラットフォーム・アーキテクチャ

＊ Corn production, Iowa State University Agronomy Extension. http://www.agronext. iastate. edu/corn/corn-qna.html

表3・1　一般的な IoT のアーキテクチャ・コンポーネントの概要

領　域	構成要素	説　明
SoE(System of Engagement，つながりのシステム)		外部との相互作用を管理するシステム
プレゼンテーション管理		エンドユーザー端末における情報表示方法の管理
アプリケーション	データ分析	意思決定を支援するための情報の作成
	レポーティング	分析に基づき利害関係者向けにアドホック（その場その場で最適）なレポートを提供
	オペレーション・マネジメント	アウトプットを生み出すためのプロセス制御
	オーダー処理	外部ユーザーからの有償リクエストの管理
	ドメイン固有のアプリ	コンテキスト固有のビジネスプロセスに対する支援
アプリケーションサービス	ワークフローサービス	実行済みの操作の編成
	可視化サービス	数値データを視覚的にわかりやすくするためのデータ作成
	ブロックチェーンサービス	ブロックチェーン・ネットワークにおける IoT の実現
	IM/P2P サービス	インスタント・メッセージングとピアツーピアサービスの提供
	分析サービス	データマイニングと予測分析の提供
	ルールサービス	意思決定ロジックの管理
テクニカルサービス	ネットワークサービス	あらゆるネットワークにおける IoT の実現
	データサービス	ファイルサービスの提供
	バックアップサービス	回復するための活動とデータの確実な保管
	クラウドサービス	IoT におけるストレージおよびコンピューティングサービスの活用
	バッチサービス	定型業務のための実行環境の提供
	セキュリティサービス	認証・承認の実施
	インテグレーションサービス	IoT と他の内部および外部サービスとの相互運用の実現
	コミュニケーションサービス	多様なプロトコルのサポート
	ランタイムサービス	OS サービスの拡張
	環境サービス	多様なソフトウェア環境（開発，テスト，本番環境）における IoT の実現をサポート
	XML サービス	XML や JSON などの可読ファイル形式のサポート
データベースサービス		RDBMS またはその他のデータの記録管理

（つづく）

表3・1（つづき）

領域 構成要素	説明
TCP/IPおよびイーサネット/Wi-Fi	TCP/IPスタックのサポート
ドメイン	方針と手続きに関する正しいコンテキストの強制
セキュリティ・マネジメント	セキュリティポリシーと手順
システム・マネジメント	オペレーションポリシーと手順
標準化	共通規格のサポート
アーキテクチャープロセス	アーキテクチャーポリシーと手順
ポリシー	特定のポリシーを統制するためのマスター
ガバナンス	IoTの所有者が相互作用と意思決定を執行できる環境の提供

て評価されているセンサーにおいても同じ現象が起こっている．これはIoTが単なる情報を送信する以上の役割を果たすことを意味しており，特にIoTがテクノロジー・プラットフォーム（技術基盤）になる場合には，そのアーキテクチャ（基本設計概念）を公開する必要があることを意味している．

図3・1に，IoTの一般的なテクノロジー・プラットフォーム・アーキテクチャを示す．アーキテクチャは，テクニカルサービス，アプリケーションサービス，ドメイン固有のアプリケーションで構成され，SoEによって多様なエンティティ（人間，他のオートノマス，他のIoTなど）とつながっている．また，表3・1では，図3・1のアーキテクチャを構成する各コンポーネント（構成要素）について説明している．

IoTの重要な取組みとして，トランザクション*への参加がある．IoTは独自のブロックチェーンをもつことができ，報酬を得るために他のエンティティに対してサービスを提供することができる．この重要性について理解するため，いくつかの事例について考察したい．

農産物の専門商社は，長期間にわたり優位性を得られるような情報を探し続

* 訳注：トランザクションとは，密接に関連する複数の処理の集まり．

けている．その中でも，USDA（United States Department of Agriculture，米国農務省）によって発行される5月度の作物生産報告書は，最も重要な報告書である．

この報告書からは，各作物がどこにどれだけ植えられたかという最初の洞察が得られる．また，この報告書における南米の収穫期（6月）や数カ月後の北米の収穫期に関する情報は，農業先物市場に対して長期間にわたる影響を与えている．トレーダー（取引業者）は，この報告書の内容を理解するためにできる限りのことを行い，農家への電話や衛星画像などを活用することで取引戦略をまとめている．

もしも，アイオワ州とイリノイ州の畑で何が起こっているのかを伝えてくれるトウモロコシの茎があるとしたら，トレーダーは購入するだろうか．

トレーダーがデータのために50万ドル支払うことは珍しくない．トウモロコシの各茎の情報について要求に応じて1データポイント当たり0.1ドルを請求するならば，商社は500万本のトウモロコシの茎からアイオワ州とイリノイ州の畑の生育状況について情報を得ることができる．

農家にとって価値ある提案とするうえでは，農家はIoTによって農作物に隣接する市場を手に入れ，作物から生み出された情報の販売を通じて，徐々に収入を増やすことができる．あるいは，農家は，農場のトウモロコシから集めたデータを，トレーダーがダウンロードできる購読サービスとして宣伝することもできる．さらに，このデータは，トレーダーだけではなく，食品のサプライチェーンの起源に興味をもつ研究者や消費者にとっても価値あるものにもなる．

二つ目の例は，ヘルスケアである．Ralph Laurenは，ポロテック・シャツを販売している*．このシャツは，ブルートゥースと生体認証情報を提供するアプリケーションを介して外部と通信することにより，着用者の心拍数や体温，呼吸，体のバランスを測定することができる．

この例によって，着用者に関する多くの情報を提供してくれる服について考察できる．たとえば，50歳以上の人のために特別に設計された下着は，心臓発作，脳卒中，またはストレス関連の症状が発症するまでの予防的見解につい

---

* THE POLOTECH™ SHIRT. http://www.ralphlauren.com/product/index.jsp?productId=69917696

て重要な“運用指標”に関する情報を継続的に提供してくれる．この下着の着用者の集計データは，初動対応者および一次診療医に提供できる．

身体に取付けたセンサーが侵襲的であるほど，すなわち，センサーが体の中に入り込むほど，より多くの情報がセンサーから提供されることになる．薬を届けるために血液中にナノロボットを配置するなどの例が好んで取上げられるように，多くの人がセンサーを体内や血流中に置くことを望んでいるのかもしれない*．

体内のセンサーは身体上に取付けたセンサーとコミュニケーションするとともに，データをその場でまたはクラウド上に集約して保存することができる．これらのデータは適切に匿名化されたうえで，病院や研究者に提供され，将来予測に活用されることになるだろう．

これらの人体に取付けたセンサーは，ハリケーンや地震などの大惨事や紛争の最前線にいる軍関連の緊急救援部隊の役に立つのではないか．少しでも安全が確認されるのであれば，できるだけ早く，救援部隊は天災や震災の影響を受けた地域に入ることができる．

救援部隊が身に着けているセンサーは，現場のリアルタイムの情報を多様な利害関係者（従来の利害関係者や新たな利害関係者）に提供するため，外部にある情報も収集することになるだろう．

災害の影響を受けた地域に関するビデオは情報が豊富であり，どのインフラが無事であったのか，どの住宅や建物が被害を受けたのか，あるいは，被害を受けていないのか，ということに関する膨大な量の情報が提供される．外向きのセンサーを装着した救援部隊は，洪水，ガス爆発，火災がどこで発生しているのかなど，意思決定するうえで真に重要な情報を提供することができる．

従来の救援部隊とは，重機やその他の活用できる機材を使って支援するために，被害レベル，洪水，送電線の倒壊，インフラが利用可能であるかについて知る必要がある緊急対応チームをさしていた．また，従来の利害関係者には，現場を見て，損害の評価をすぐに実行し始めることができる保険会社も含まれる．

---

* N. Lavars, Nanorobots wade through blood to deliver drugs, Gizmag.com (17 June 2015). http://www.gizmag.com/nanobots-blood-drug-delivery/38064/

おそらく，（あまりよい仮定ではないが）保険会社は自社が保証している家の場所をあらかじめ認識したうえで，保険契約者に関する損害の目録をつくり始めることができる．保険会社が請求されると考えられる金額を迅速にまとめ，作業を開始できれば，損失率（支払請求保険金を正味経過保険料で割った値）は改善する．もちろん保険契約者も自らの所有物の状況を知りたがっている利害関係者である．

新たな利害関係者とは，たとえば，郊外型の大規模小売店である．建設用製品を提供する小売業者は，損傷アセスメント（査定）によって補修材料をあてがう最適な場所や購入価格を判断し，損傷領域を修理するために必要な材料を決定する．

おそらく，この店舗も被災によって店舗の一部が使えなくなり，商品の破損，破壊を被ることになるだろう．小売店自身にとっても，自らの損失の程度を早急に見きわめ，店舗再建に必要な補修用の資材や追加の資材の再入手を決めることができる．また，小売店の中には，一部の上顧客に請負業者のサービスを提供している場合もあるだろう．他の大規模小売店も災害時に失われた食料や日用品を提供してくれる．小売店も，自らの資産への損害の程度を見きわめ，生活の再建を支援するために，何を取換え，何を追加する必要があるのかを決めることになる．

緊急救援部隊からのデータについては，無人偵察機，有人の航空機，衛星画像からデータを増強することができる．センサーを身に着けた救援部隊は，ブロードバンド・フィルターやハイパースペクトル画像を備えたカメラによって，小型ドローンの隊列を発進させることもできる．ドローンは，損害評価に関する基準を作成するため，少なくとも1日2回，すべてのエリアが確実に覆われるよう，飛行経路を事前にプログラムさせることができる．

フィルターの重要性も見逃せない．自然災害と人為的な破壊とは異なる波長の光を反射するため，事前と事後の画像を比較すると損害評価に利用することができる．家は一見，損傷していないように見えても，赤外線で見ると，ガスもれによる火災の可能性や，壁の中，床下などに潜んでいる他の損害など，家の中に重大な損害箇所が潜んでいることがある．

自分の家はまだ存在しているが，損害を受けた保険契約者を想定してみよう．

保険会社のウェブサイトまたはモバイルアプリにアクセスすると，自らの財産に対する初期の損害評価と暫定的な補修日程について確認できる．また，誰がその補修業務を行うことになっているのか，資材がどこから仕入れられるのか，そして，完成予定日についても知ることができる．さらに，補修作業が完了するまでの間，住宅の提供もある．仮住まいの地で，手助けしてくれる大規模小売店から割引サービスすら受けられるのである．

データの創出に関する前述の機能は，すべてIoTとみなされる．救援部隊が身に着けるセンサーや，ドローンに搭載されたカメラや作成された動画は，すべてIoTによる解析方法の例である．これらのデータは，大変価値があり，さまざまな場面の意思決定において多様な方法で活用できる．

今後期待されるIoT関連技術として，回路の印刷可能性について考えてみる．これは，あらゆるニーズとサイズに対応するIoTが印刷できるようになることを意味している．

“ハリケーンの風の強さについて追跡するために，電柱に取付けられるセンサーを印刷する”ということができるようになると想像してみよう．Wi-Fi機能を含むすべての電子回路が印刷できれば，印刷されたセンサーから情報を配信するためにつなぐことができる．印刷されたIoTのサイズは配置される場所に合わせてカスタマイズでき，プリンターはIoTが取付けられる構造に基づいて接着層を追加することができる．

IoTアーキテクチャの利害関係者に“政府機関”を入れた理由についても説明しておきたい（図3・1）．本書を貫く共通のテーマは，オートノマス化された政府機関のシステムによって，企業活動や個人の生活に見いだせる多くのプロセスに対し，監視および規制が容易になるということである．

政府機関が市民の電話にアクセスすることを望むと同様に，IoTが政府機関からのデータの要求を黙認させられることも合理的な想定であろう．政府機関によるIoTへのアクセスは，ビッグブラザーのパラダイム（政府機関や有力者がすべての人々を監視している世界）をまったく新しいレベルへと導く．

将来，政府機関が医療費に関する政策を判断するプロセスの一環として，私たちの着衣から生み出される健康状態に関するすべてのデータに，政府機関がアクセスできるようにしたいだろうか．政府機関が，補修作業が条例どおりに行われていることを確認するため，家屋の損害レベルに関する保険データに，政府機関がアクセスできるようにしたいのだろうか．企業は，自らが被災した地域以外の地域だけが優遇されないため，災害への対応状況について，政府機関から監視されたいのだろうか．政府機関が IoT データにアクセスすることで，すべての処理方法を管理し，すべての応答を制御できるようになるのだろうか．

これらの問題は時間の経過とともに現実のものとなりつつある．図 3・1 の IoT アーキテクチャが，ガバナンス（統治）およびポリシー層をもつ理由は，政府機関によるプロセスの監査または制御を可能し，政府機関がプロセスの監視において詳細データを要求した場合，これを取得できるようにするためである．

3・3 デジタル通貨

IoT はデジタル通貨の開発を促進する．オートノマスの一部である IoT は，通貨間の売買サービスや人間との売買サービスにおいて，最適な通貨としての役割を担う．これは，すべての IoT が異なる方法で作成されているためである．

IoT によって収集されたデータには，その利用者によって多様な価値がある．一部の IoT は，異種のデータソースを使用し，重要なデータまたは情報に統合できる．

このことは重要な示唆を与えくれる．高速でトランザクションを管理するブロックチェーンを意味するためである．また，IoT が二つ以上のブロックチェーンの一部でなければならないということも意味している．他の多くのプラットフォームと同様，私たちはこうした単純な質問の意味することがわからないし，予測もできない．実際，進化は IoT 自体とこれに関連する AI の進化によってもたらされる．

IoT がビットコインや他の現有の暗号通貨を使うという仮定はおそらく誤りである．互いに取引を締結し合うオートノマスのトランザクションシステムにとって“通貨”が何を意味するのかを事前に判断することはできない．オートノマス化が実現すれば，タイミングやコンテキスト（文脈）に応じて，異なる通貨を使うかもしれない．

デジタル通貨は，数値データの提供，ドル，ユーロ，あるいは，かつて創出されたものよりも他のオートノマスにとってより価値の高い新たなモデルなのかもしれない．オートノマス化された複数のシステムが互いにトランザクションを調べ合い，あるタイミングのあるコンテキストにおける価値を決定することが重要なのである．

3・4　セキュリティ上の課題

IoTは，セキュリティに関して，そのリスクが企業あるいは個人にとって実存するものであると認識できる程度にまで，企業や個人におけるリスクのレベルを変換してくれる．

セキュリティについては，センサー自体が法的主体として責任を負うのか，人間や他の機械がセンサーに対する責任を負うのか，という問題を抱えている．基本的な問題として，今日の情報は，ほぼ個人および法人に関して集められている．将来的に，センサーは，その同じ個人および法人に関して，これまでとは桁違いに多くの情報を収集するだろう．

この新たに加わる情報は，情報の悪用をたくらむ人々にとっても，よりきめ細かく，価値のあるものになるだろう．ステークホルダーのセキュリティの侵害には多くの方法があると同時に，いったん，侵害されれば，より多くの情報が悪用の危険性にさらされる．多くの情報が得られるほど，個人および法人はより不利な立場になってしまう．

問題は，データの所有者は誰なのか，ということである．

印刷したセンサーを電柱に貼り付けるという例では，データの所有者は誰になるのであろうか．印刷した人か，電柱の所有者か，政府機関なのか，それとも誰でもないのか．

もしもデータに誤りがあり，このデータにより誤った意思決定がなされたならば，誰が訴えられてしまうのか．

IoTの性質には，所有権の曖昧性がある．

政府機関の規制に忠実に従った多様な製造業者が3Dプリンターによって部品を印刷した後，ハッカーによって不正に侵入され，攻撃されてしまった場合，その無人の自動運転車から生み出されるデータの所有者は誰になるのだろうか.

この問題は，IoTのセキュリティ，すなわち，オートノマスのセキュリティシステムは，誰も所有権を主張できないのではないかと感じさせる.

こうした場合，規制当局はどのように対応してくれるのだろうか．技術進歩に対応した法理論の整備が急務である.

データの所有者の問題を除けば，IoTの急増はセキュリティにとって大変大きな課題となるだろう．IoTは安全なデバイスとなるようには設計されていない．安全な情報の保管や送信については後付けの課題となっている.

図3・1に示したすべてのアーキテクチャの構成要素を確認しよう．ほとんどのサービスは，IoTに関する他のサービス，ワイヤレス・ネットワークやブルートゥースを活用した他のIoT，何らかの理由で接続するその他のエンティティ（実体）と双方向でつながるという，相互作用を前提としたサービスである．IoTの集合体を完全に保護できる方法はない．そして，オートノマスにおいては，IoTこそセキュリティリスクの原因となる.

最もわかりやすい例は，現在および将来の自動車である．現在の車はすでにオートノマス化された機能をもっており，徐々に自動運転車へと移行している．どの車にもOBD Ⅱポート（OBD ⅡはOn-Board Diagnostics Ⅱ，自己診断機能）が必要とされ，運転席側のダッシュボードの下にある.

OBD Ⅱポートとは，自動車販売会社の整備士が自動車のパフォーマンスに関するエラーメッセージや，他の指標を受取るため差込むポートである．また，自動車の排気ガスをテストするために排気ガス管理センターの技術者も同じポートに接続する．このポートは自動車において，最も簡単に内部ネットワークに接続できる場所であると同時に，外部との関係において最も弱い場所でもある.

たとえば，2010年，研究者がOBD Ⅱポートを介して2009年型シボレーインパラの指揮系統に対してワイヤレスネットワークからハッキングできることを実演してみせた．研究者は，自動車のブレーキシステムを操作し，自動車を急停止させ，機能を完全に停止させることができた．**Wired**誌は，対象となったシボレーインパラの製造元であるGeneral Motorsがソフトウェアのバグを完全に修正し，将来のモデルが同じ脆弱性をもたないことを保証するために5

年かかったと報告した*．

さらに最近では，同じ研究者たちが，一連のセキュリティホールを介し，自動車の電子機器にリモートから侵入する方法についても示した．

つまり，自動車は，今後もより多くのオートノマス化された機能を装備することで，セキュリティのリスクがますます大きくなる．現在，自動車には，そのパフォーマンスを管理し監視するための1億行を超えるソフトウェアのコードがある．コード行の数が多いだけではなく，時間を経るごとにコードの複雑さも増している．セキュリティに関する問題は，より複雑になっていくだろう．

パソコンに関するセキュリティ問題を参考にして考えてみよう．現在，ランサムウェア（身代金要求型不正プログラム）が猛威を奮っており，ハッカーがコンテンツを暗号化し，72時間以内にビットコインによって身代金を払わなければ，ハードディスクを消去し，コンピューター上のすべてのデータを消去してしまう．ハッカーは自動車の所有者にも同じことができる．

ハッカーが自動車のドアの鍵を操作し，自動車の所有者にドアを開けさせないようにする（陰湿なハッカーであれば，所有者を車内に閉じ込める），あるいは，自動車を始動させないことで所有者がハッカーに身代金を支払うまで所有者を自動車から閉め出すこともできる．

ここでの問題は，パソコンにおいては，セキュリティ上の問題が起こらないよう，ユーザー自身で是正措置をとることができるが，自動車の所有者にはそのような対抗手段がないことである．

自動車の所有者は自らの自動車を保護する手段をもっておらず，自動車会社からのソフトウェアアップデートおよび保護に，完全に依存している．ハッカーがランサムウェアを自動車に侵入させる方法をみつけたならば，同じセキュリティホールがある自動車の所有者すべてに対するハッカーからの同様の攻撃を止めることは難しい．

IoTにとっては，デジタル通貨を使用する必要があるという点が，最終的なセキュリティ課題となる．デジタル通貨の必要性は，もとより脆弱なセキュリティ能力とあいまって，新規かつ革新的なマネーロンダリングや，犯罪者およ

---

*　Car hacking, Wired Magazine portal.　http://www.wired.com/tag/car-hacking/

びテロ活動への資金提供といったデジタル通貨の悪用をひき起こすことになるだろう．

たとえば，IoTは，犯罪組織やテロリスト国家が命令し，暗号通貨を引出す手段として活用することもできる．選択すべきIoTは，セキュリティが強力であるだけでなく，トランザクションに対するセキュリティも備えたものになるだろう．

3・5 プライバシーおよび倫理に関する懸念

プライバシーには，セキュリティと同様，個人および法人の双方とも多様な問題を抱えている．Facebook，Twitter，LinkedInや，銀行および政府機関の記録など，現時点で利用可能なデータだけでも多くの問題がある．

今後，ますます多くのセンサーが大変きめ細かなレベルで私たちの生活に関わるデータを提供するようになり，プライバシーの問題はより複雑かつ多様になると考えられる．しかも，個人および法人には，これまで認識していたよりもはるかに多くのデータが存在するようになり，そのデータの大部分が誰からも所有されていないということになるだろう．

今日，身元調査や刑事訴訟，あるいは犯罪捜査の対象となっている個人および法人は，自ら情報の所有や管理をしていないため，敵対者にとって有効な多くの情報を保有していることになる．こうした情報量に関する問題，特に多くのIoTによって生み出されるデータには，情報漏洩が起こりやすくなるという問題がある．

IoTに関する潜在的な問題を軽減するためには，IoT関連するすべての作業をブロックチェーンで管理し処理する方法が考えられる．これはトウモロコシの茎をはじめ，大量のIoTを扱う際，大きな課題となるだろう．

AI（人工知能）

4・1　私たちの未来にターミネーターは現れるのか

ターミネーター*は，人間のような心とアクチュエーター（作動装置），IoT に包まれた **AI**（Artificial Intelligence，**人工知能**）である．ターミネーターは，環境を観察し，適応し，理解したうえで，意思決定に基づき行動することができる．映画の中で描かれたターミネーターによって，私たちは AI に関する先入観を植えつけられた．

ターミネーターはオートノマスの一例となるシステムであり，“強い AI（strong AI）”仮説に基づき表現された[1]．“強い AI”仮説は，AI が人間のように実際の心をもつことができると主張している[2]．しかしながら，現時点ではこの仮説は実現していない．

ロボットとこれに対する人々の意識は，インターネット上で更新され続け，映画やゲームなどに反映され，“強い AI”に関して根拠のない恐怖をあおっている．結果として，心と身体の問題，機能主義，自由意志などに関する議論を巻き起こし，哲学者に新たな仕事を与えている．AI の意識に関する議論は今後もしばらくは残ることになるだろう．

ただし，AI を専門とする研究者や AI をツールとして活用する研究者は，自らの研究目的以上には，“強い AI”仮説に関心をもっていない．

オートノマスやこれ関連する AI コンポーネントに関する議論は，むしろ，“弱い AI（weak AI）”仮説の方が重要であるとしている．“弱い AI”モデルには，良い影響と悪い影響の両面があるため，今後も，研究者，倫理学者，政府

*　訳注：ターミネーター（Terminator）とは，1984 年以降に制作された映画シリーズ“ターミネーター”に登場する戦闘用の人型ロボットをさす．AI コンピューター“スカイネット”によって指揮されているという設定であった．

機関，企業の幹部などに，興奮と懸念を抱かせ続けるだろう．

本書においてAIは，統計計算とその開発から導かれるモデルを対象とする．

AIソフトウェアは，人間が行うよりも高い能力とスピードをもたらし，常に知的であるように思えるが，実際には，さほど知的ではない．AIが自分自身の心や常識をもつことや，自己を認識することは（今後もかなり長期にわたり）決してないだろう．

よって，本書の議論の対象となるオートノマス化されたシステムとこれに関連するAIコンポーネント（構成要素）については，AIが意識や心をもつことはなく，あくまでもツールの一つであるとする“弱いAI”仮説に準拠する．

“弱いAI”モデルにおいてAIは，知能について最高のシミュレーションを行うだけであり，決して人間と同じ方法で知性を発揮することはない．AIはあたかも自らの知性があるように振舞っているようにみえるが，実際には心も常識ももっていない．

AIがどれだけ多くの言葉やビジュアル（視覚的表現）を使って自己認識や感性を示したとしても，それは統計計算に基づくソフトウェアモデルによって，人間や他の機械を上回るスピードで意思決定を行ったにすぎない．

なぜ，この認識は，企業，政府機関，一般の人々にとって重要なのだろうか．

かつてインターネットは既存のプロセスを変革し，新たなプロセスを実行することで，企業，政府機関，一般の人々に対してプライバシーの放棄を強制した．オートノマスの使用においても，この三者に同様の変革を強制すると考えられることが，その理由となる．

オートノマスが三者に放棄させる重要な資質の一つには，意思決定がある．オートノマスにおけるAIは，情報を取込み，実行する．決まり切ったプロセスの実行であれば，もはや人間は必要ない．AIモデルは，基本プロセスをもとに開発されたルールを実行するように設定されており，AIコンポーネントが意思決定を行う．

AIが時間の経過とともに，より多くの情報を利用できるようになると，ルールの修正が必要になるだろう．たとえば，AIモデルの予測は，現実により近い測定ができるニューラルネットワークといった新たな情報によって，AI自体にルール変更をもたらす．そして，コンピューターシステムと同様に，AIモデルは当初の意図に沿った内容や，倫理的な結果になることも，ならないこともあるということを意識しておくべきである．

例をあげて考えてみよう．保険業界には，保険契約者の家が全焼した際，保険会社が請求金額を確認して初めて，高価な美術品が火事で失われたことに気づき，その保険契約者がかなりの美術愛好家であったことを知る，というジョークがある．オンラインツールを利用すれば，簡単に美術品の領収書を作成できてしまう．

もう一つのジョークは，古い杭柵のある住宅，あるいは，前の所有者の頃から何年も残っている杭柵がある住宅の所有者についての話である．新たな所有者が，弱い嵐に遭遇した際，突然，近所では唯一，その杭柵だけが完全に破壊されたという話である．

人間は，詐欺が起こるということはわかっていても，詐欺を阻止する力はもっていない．また，人間が客観的な決断をしたくても，芸術の世界では調査によってあらゆる道筋をたどることはできない．美術品が実用的でないことを知るために，わざわざ人間にサービスを依頼しても，通常，そのサービスに価値はない．また，人間は，杭柵が壊されるための条件について，嵐の大きさ，強度，経路などの杭柵に関する情報はもち合わせていない．ただし，人間が保険の請求に対して適切な評価点をつけることや，詐欺師に清算させることは容易にできる．

人間が詐欺捜査を行うAIにアクセスできたと仮定しよう．人間は，美術品や杭柵について情報を入力し，AIは犯罪科学に基づき深く掘り下げた捜査を行う．美術品詐欺においては，iPhone上に残されている画像から絵画の画像情報を集めるとともに，美術品の領収書を集めることによって，芸術家に関する情報を収集する必要がある．AIは，捜査対象について深く詳細な検索を行い，獲得したい品質の情報量を増やすために検索語を修正するよう訓練され，芸術家，絵画をはじめ，考えうる限りの価値についてより多くの事実を見いだせるようになるだろう．

AIは，家の中であっても，美術品のライフサイクルを構成し検索できるようにするため，美術品のブロックチェーンを構築することができる．

誰が美術品を描いたのか．その芸術家が販売した他の作品は何であり，いくらなのか．誰が，権利を主張する保険契約者にその絵を売ったのか．その取引は，どこで行われたのか．その美術品の所有権を主張する人が他にはいないのか．同じ美術品が他の案件でも保険金を請求されていないのか（すなわち，同じ美術品が以前に何度か火災にあったことはないか）．火災によって失われたとされている美術品のすべてが，保険契約者の家に存在することが物理的に可能であったのか．

AIによるブロックチェーンの構築が完了したならば，AIは保険請求の対象とされている美術品が保険契約者の家にあるという事実が妥当であり，保険請求額にふさわしい価値があるのか，ということについて，ブロックチェーンによって調べることができる．

AIは犯罪科学について深く掘り下げることはできるが，価値判断はできない．ただし，複数の刑事事件に関連する情報を明確にしてくれるだろう．2カ月前，新たな所有者が保険対象となる家を購入する際，権原会社が適切な業務を怠り，家の権利が危険にさらされているという事実が明らかになるかもしれない．AIは，34年前，逮捕令状から逃れるためにカナダに渡った後，偽名を使うことによって，保険契約者となっていることを見抜くかもしれない．また，22年前に同じ美術品に対して，当時の所有者がすでに同様の保険請求をしていた事実を明らかにするかもしれない．

保険会社にとって，次の段階は何だろうか．警察に犯罪情報を報告できるのか．この報告はすべて無視されるのか．保険契約者は，住宅の所有者に関する特定の情報を開示しなかったことにより，その請求を拒否されるのか．

この時点で，AIによる詐欺サービスに対する判断は，保険会社の人間の対応に任されることになる．

この事象のループに人が存在していない場合，AIによる詐欺サービスに対してAIが支払いを請求したら，どうなるのだろうか．オートノマスの請求サービスは何をするのだろうか．

おそらく，私たちはオートノマスによる請求サービスにいくつかの目標を割りあてる．そのうちの一つは“いかなる法も破らない，違法行為を報告する事態にならない”という目標になるだろう．

AIによる請求サービスには，多くの業務がある．たとえば，未払いの支払命令書をもつ人への請求である．また，今回の請求か，22 年前の請求において，詐欺を犯したのは誰かを究明しなければならない．結果的には，権原会社を訴えることになるだろう．AI による請求サービスはすべてのプロセスを実行した後，追跡調査のため，法的な活動を行う AI へと情報をひき継ぐ．

そして，請求が行われるなかで，法的な活動を行う AI がこれまでの調査結果を証明できなかった場合には，AI による詐欺サービスから受けた請求に対する支払いは，法的に義務づけられるのだろうか．AI は請求に対する支払いの可否について，どのように判断するのだろうか．

このシナリオは，ペーパークリップを作成する AI* や，単純な目標に対してさえも暴走し人類を破壊する可能性がある AI といったシナリオよりもはるかに実現可能性が高い．こうした現実的なシナリオは，企業が現時点の基本的な事業目標では対応できない問題について，今後，どのように対処していくのかということを表し始めている．

将来的には，ますます多くの国家やテロ組織が，防衛や敵の破壊などの目的のために AI を構築するようになるだろう．人類の大半を破壊するというビジョンをもつ無法国家が，必ずしも適切に制御されない状態で，武器をもつことになってしまう．これは，AI の所有者が誰であるかにかかわらず，AI の管理者が，AI 自体の目標とその方向性を決めてしまうためである．

無法国家は，核兵器をもつことはできなかったが，オートノマスの殺人ロボットにたどり着くことになるだろう．単純なオートノマスによる殺人ロボットは，小売店やオンラインショップにおいて 300 ドルで購入できるドローンによって実現できる．ドローンは，リシンなどの有害な化学物質を積み込み，酒場や地下などの群衆の中に飛び込み，リシンを拡散する．1000 ドル以上の大型ドローンであれば，閉鎖施設や群衆など，柔軟に目標を定め，爆発物を運ぶことができる．

したがって，ターミネーター(すなわち，人間のような心とアクチュエーターと IoT に包まれ，環境を観察し，適応あるいは理解したうえで，意思決定に基

＊　訳注: 哲学者の N. Bostrom が，AI について提示した思考実験に基づく．ペーパークリップの大量生産を追求する AI“ペーパークリップマキシマイザー (paper clip maximizer)”が，自らを改造しながら，進化し続ける．その一方で，目的の達成を疎外する要因をことごとく排除し，最終的には，この AI が地球全体をペーパークリップをつくるためだけの設備を変えてしまう，という仮説である．参考文献 6 (p.89) 参照．

づき行動することができるようなAI）は私たちの未来ではない，という答えを導き出せる．

将来的には，所有者が事前に設定した仕事を実行するようにプログラムされた多様なオートノマス（AIや分析技術，IoTなどのあらゆる技術を組合わせたドローン，ロボット，自動運転車）が登場することになる．オートノマスの所有者は，国家，企業，テロ組織，麻薬カルテル，非政府組織などであろう．

AIは所有者の使命に基づき，事前に設定された目標の追求をもとにプログラムされることになる．AIの所有者が，実際に追求する目標の方向性は，時間とともに分散する．この目標の分散化が，良い方向に向かうか，悪い方向に向かうのかは，AIの所有者によって決まるだろう．AIの所有者がその管理を他にひき渡す場合，もともとのAIの所有者の目標に対して，新たな所有者が目標に対する逸脱の管理や，分散化に対応できるという保証はない．

4・2 合理的なエージェント（代理人）

AIには四つのクラスがある．①“人間のように考えるシステム”，②“人間のように行動するシステム”，③“合理的に考えるシステム”，④“合理的に行動するシステム”である．

①“人間のように考えるシステム”については，私たち自身が人間の考える方法についてわかっていないため，実現は難しい．

私たちがモデル化するための方法がわかっていない場合，どのように認知モデルを構築すればよいのだろうか．

認知科学とは，心理学者とコンピューターサイエンスの実務家が集まり協力しながら，人間の精神がどのように機能するかというモデルについて構築する学際的かつ実践的な学問である．

②“人間のように行動するシステム”とは，チューリングテスト[*2]によって，システムと人間との区別がつかないと判断できるようなレベルのAIをさす．このシステムは，話し言葉や書き言葉の処理が可能であるとともに，知識

＊ 訳注：チューリングテスト（Turing test）とは，Alan M. Turingによって考案された，ある機械が知的かどうかを判定するためのテストである．判定者が機械と人間との確実な区別ができなければ，この機械はテストに合格したことになる．

の永続的な使用に向けて，後から検索できるようにするための保存方法も備わっている．また，この知識を利用して，システムが自ら方向づけし，意思決定し，行動することもできる．さらに，OODA ループ（ボイドループ）[*1]を何度も繰返し，自然言語によって行動を表現することができる．最近では，チューリングテストに合格するためには，AI もビジョンと IoT およびアクチュエーターが求められる．

つまり，“人間のように行動するシステム”をつくることは，ほぼ知的な生命体を生み出すことと等しい．私たちは日々進化を続けているものの，人間と区別がつかない AI をつくり出すのは，大西洋を沸騰させるくらい困難なことである．

③“合理的に考えるシステム”とは，問題を論理的に構造化することによって，解決策の提供を試みるシステムである．たとえば，AI は自動車の運転の課題に関連するデータ（死亡数，社会インフラのコスト，技術の進化など）を調べ，自動運転車が解決策であると結論づけてから，解決策を作成するのだろうか．

AI は自動車の運転に関する欠点を改善するために導く論理的な解決策よりも，空を飛ぶ方が安全であるとして，誰もがどこへでも飛べるようにする，というように人間の能力そのものに対して課題の解決策を求めることもある．

自動車保険業界において，AI は保険会社が競合に対する競争優位を確保する方法を提供できるだろうか．厳しい規制のある業界において，AI は Western Union[*2]に対抗できるようなスタートアップ企業を立ち上げられるだろうか．

たとえば，米国においてオンライン・スタートアップ企業が送金サービスを始めるためには，いまだに 50 州すべてで送金に関するライセンスを取得する必要がある．

AI は厳しい規制のある環境において，企業が生き残るために，どのような解決策を導き出すのだろうか．

ある時期において，カリフォルニア州議会に導入された保険関連法案の平均数は 1 日 1 件の高頻度であった．

---

*1 訳注：OODA ループとは，John Boyd によって提唱された理論である（ボイドループともよばれる）．観察（Observe），情勢判断（Orient），意思決定（Decide），行動（Act）をループ（Feedforward，Feedback Loop）し，健全な意思決定を実現する．図 1・2（p.12）参照．

*2 訳注：Western Union とは，1851 年に創業した米国に本社を置く，金融・通信業を主要事業とする企業である．世界各地で個人送金，企業支払と貿易業務の代行などの事業を行っている．

AIはLexisNexis*の分析によって法律関連の情報をみつけ出し，それを事例の一部として解決策に組込むことができるだろうか．

これらの質問は，答えられることを目的にしているのではない．“合理的に考えるシステム”としてAIをつくり上げることは大変難しいということを示すためのものである．

次の④“合理的に行動するシステム”とは，本書が採用するシステムであり，“合理的なエージェント（代理人）”ともよぶ．“合理的なエージェント”とは，オートノマスが観察した情報に基づき定義した一つ以上の目標に向けて，できる限り最良の成果を導き出すために行動するAIである．

ここからは，目標と複雑な意思決定について議論したい．

自動運転車は，“合理的に行動するシステム（AI）”のよい例である．自動運転車は，全体目標を達成するため，安全運転に求められる意思決定ができるように学習する．Googleやその他の企業は，運転中に必要な何千もの意思決定を行う自動運転車のモデルを作成するため，100万マイル（約160万km）も運転している．しかし，これらの企業は，自動運転車が人に害をもたらさないために必要となるすべての状況に遭遇することはできない．自動運転車は，まれな状況に遭遇した場合には，何らかのあらかじめ決めておいた行動を選択する必要がある．

Googleの自動運転車が，ほうきでアヒルを追いかけている車椅子の女性に遭遇した場合には，自動車はどうしたらよいのかわからなくなり，あらかじめ決めておいた行動ができなくなるかもしれない．

また，必ずしも自動運転車が停止することを選択肢に与えられていない場合もある．2車線の高速道路上にいる自動車が丘の上まで来たとき，他の自動車を追い越そうとする飲酒運転中の運転手の自動車に遭遇したとする．自動運転車は止まることができず，ぶつかれば，飲酒運転している運転手を殺してしまうかもしれない．左に避けられなければ，他の対向車にぶつかり，その乗客を殺すか，傷つけてしまうかもしれない．あるいは，右に避けられなければ，橋から凍ったミシシッピ川に落ち，家族を殺すか，傷つけてしまうかもしれない．

このとき，自動運転車はどうすべきなのだろうか．このシナリオは，自動運

* LexisNexisは，世界各地で事業法人，大学，官公庁，法律事務所などに対し，法律に関する情報サービスを提供する企業である．

転車が普及すれば，起こる可能性がある．

誰があらかじめ決められた行動に対して意思決定をするのか．自動運転車を製造した会社か．保険会社か．政策では意図していなかった結果を突きつけられた政府機関なのか．

人間の運転手（特に親）は，家族を守る行動によって，犠牲になるだろう．その行動はどのようにして合理的なオートノマスのモデルの一部になるのだろうか．

4・3 PCPEDD プロセスの実行

オートノマスにおける AI コンポーネントは，**PCPEDD プロセス**（定義と説明は第 2 章，特に図 2・1 参照）の各フェーズを実行するために十分な能力をもっているのだろうか．

AI は，データの収集（Collection），処理（Processing），普及（DIssemination）の各フェーズの実行は大変得意としている．AI は開発（Exploitation）フェーズの活動も得意としているが，計画（PLanning）および発見（DIscovery）フェーズの実行は苦手としている．

その違いは，以下のように考えることができる．AI をモデルに組込んだ機械的なプロセスについては実行できる．機械的なプロセスは，収集と処理フェーズにおいて発生し，人間が計画フェーズを実行した程度に応じて，収集フェーズや処理フェーズで起こった内容の 90 %以上を AI に組込むことができる．

特にブロックチェーンを採用する場合には，普及フェーズを大幅に自動化することができる．普及フェーズがブロックチェーンにおける購読モデルのみである場合，購読者が PayPal を使っている人間か，仮想通貨を活用している AI であるかに関係なく，AI は購読者に送付するためのアドレスをもっているためである．

AI モデルは，PCPEDD プロセスの計画フェーズの実行を苦手としている．計画フェーズを支援する AI ツールは存在しているが，AI モデルは人間の介入なく，戦略的作業のプロセスを実行することができない．計画フェーズにおける AI モデルの課題は，計画フェーズの中核をなす事業戦略の立案を実現する方法を見いだすことである．

さまざまなコンサルティング会社が使用している六つの戦略フレームワーク

およびツール[*1]がある．ただし，どれ一つとして，計画どおりに事業目標を達成するというAIの成果を保証し，十分にきめ細かな事業目標を創出するには，必要かつ十分でない．

従来，AIモデルの作成方法とは，膨大な量のデータを学習させることである．この場合，AIモデルの学習では，成功につなげるプロセスとして，ファイブフォース[*2]分析が活用される．ファイブフォース分析の確立された使用法とその結果を入力したデータベースを用意するのは，難しい仕事である．筆者もファイブフォース分析に取組んだが，その方法は一つに絞れない．他のフレームワークやツールについても同じことがいえる．

成功を確実にしてくれるデータを作成するために，毎回使用できる機械的なプロセスを作成する方法がない．AIの学習においては，モデル化された機械的なプロセスが存在しており，ある程度の正確さでモデルを学習するのに十分なデータがあることを前提としている．成功であるかどうかはみる人によって異なるため，必ずしもファイブフォース分析が成功であるとした事例を当てはめることはできない．

企業はコンサルティング会社のせいで失敗したと主張したとしても，同じ結果をみて，コンサルティング会社は徐々に成功に近づいていると主張するかもしれない．誰を信じたらよいのだろうか．

成功を確かなものにする方法がない以上，AIには人間と同じ方法で事業戦略を実行するように学習させるわけにはいかない．

収集フェーズでは，これまで議論したセンサーや他の情報源〔たとえば，全米50州の運転に関する法律や，FAA（Federal Aviation Administration，米国連邦航空局）の飛行規則〕によってほぼ自動化されている．多くのセンサーは，明確に定義された動作特性や，データの要否に応じてAIモデルがセンサーからデータを収集するためのAPI（Application Programming Interface，アプリケー

---

*1　六つの戦略フレームワークおよびツールとは，バランスト・スコアカード（Balanced Scorecard），ファイブフォース分析（Five Forces Analysis），プロダクト・ポートフォリオ・マネジメント（Growth-share Matrix, product portfolio matrix），PEST分析（PEST Analysis），戦略マップ（Strategy Maps），SWOT分析（SWOT Analysis）である．

*2　訳注：ファイブフォース分析とは，Michael Porterが提唱した五つの競争要因（売り手の交渉力，買い手の交渉力，競争企業間の敵対関係，新規参入業者の脅威，代替品の脅威）から業界の構造分析を行う手法である．

ションソフトウェアを開発・プログラミングするためのインターフェイス）をもっている．

たとえば，あるセンサーが悪い状況が始まる可能性があると示し，AI 上のルールで確認が必要であると表示されると，センサーが 1 秒ごとにデータを提供するのに対し，AI は 1000 分の 1 秒ごとにデータを要求してくるということが起こりうる．

AI モデルを適用できない活動については，最初の時点から収集すべき事例の類型を決めておいた方がよい．この活動は，計画フェーズの最初の段階において，AI の適用に向いていない事例であると判断するために必要となる．

収集フェーズにおける AI のもう一つの難点は，センサーと時間の経過との同期である．

たとえば，オートノマスのスマート・ビル・システムの建物の周囲と屋根の上に温度センサーがあるとする．ビルの隣には，反射窓のあるより高い建物が建てられている．そのビルは，時間が経つにつれて，屋根の上や建物の片側にある温度センサーが他の温度センサーに比べて上昇し始める．AI モデルは，温度上昇の原因を認識し，行動するように学習をしていたのだろうか．どのような行動が選択されるだろうか．

収集フェーズが機械的に作用している限り，AI によって十分に支援されており，オートノマスとしての機能を提供できるはずである．

処理フェーズにおいては，基礎からより洗練されたレベルまで処理を実行できる AI 能力をもつ多様なツールによって自動化されている．IoT からのデータ入力では，データの基本的な処理の実行に向けて，AI モデルに長期にわたり学習させることになる．

画像データでは，1 インチ（2.54 cm）未満の距離精度で測定する生画像の取得のために求められる多くのステップがある．このステップは明確に定義されており，オートノマス化されたシステムの一部として活用するため，AI モデルに組込むことができる．

課題は，処理中の画像が何らかの方法で変更され，処理フェーズを変更する必要が生じた際，AI は何をすべきなのかということである．

典型的な変更例としては，新たなセンサー，あるいは，センサー上のフィルターを使用し，テキサス州ダラスと周辺地域の屋根の画像についてAIに学習させたが，実際には，屋根のサイズ，向き，構成が異なるアリゾナ州ツーソンの家において，センサーを使わなければならないような場合である．

処理フェーズにおけるもう一つの難点は，処理中のデータが何らかの方法で不完全な状態になったことを認識するための方法である．

たとえば，各国は海水温を測定するために多様な方法を使っている[3)]．船やブイには，サーミスタ*や水銀温度計が設置されている．船のセンサーは移動しながら，海水温のデータを提供してくれる．ブイは漂流しながら，特定の場所の海水温のデータを測定する．

ある時点において，船の海水温データの収集に関する問題が特定され，修正されたとする．しかし，メタデータを調べたところ，多くの船がさまざまな理由により，新たなプロトコルを実行しないことを決めたため，正しく処理されたデータが集まらなかった[4)]．

こうした知識はどのようにAIモデルに組込まれるのだろうか．AIモデルは，どのようにしてデータの問題があると判断できるのだろうか．

この事例では，幸いなことに，メタデータによって問題を特定し対応することができた．しかし，こうした幸運はすべての事例で起こるわけではない．収集したデータに体系的な誤りがあることを特定するための明確な方法があるとは限らないためである．

つまり，人間の専門知識をAIに組込むことも，AIを人間の専門家レベルに発展させることもできないため，分析の最終判断の場面では，人間の専門知識が必要とされる場合があることは明らかである．

既存のツールによって開発フェーズを自動化することはできるが，実用的な解析を完了させるためのプロセスでは，早い段階で人間の専門知識が必要になることがある．長い歴史のある実用的な指標の自動作成においては，財務業績，顧客分析，サプライチェーンの運用などで，人間と機械の両方を活用している．

ERP（Enterprise Resources Planning，企業資源計画）システムの利点の一

---

* 訳注：サーミスタ（thermistor）とは，温度の変化によって抵抗値が変化する電子部品である．温度を測定するセンサーとして利用される．

つは，事業運営と規制上の報告要件を満たすために必要となる多くの測定基準があらかじめ組込まれていることである．CFO（Chief Financial Officer，最高財務責任者）とCOO（Chief Operating Officer，最高執行責任者）の役割の成熟度は，多様な指標やその計算方法によって表されることは誰もが合意するところであろう．規制改革のたびにこの統一性は強化されている．

それほど成熟も理解もされていないプロセスに関する分析であったならば，AIは学習できるだろうか．人間はAIモデルに学習させるうえで，人間自身がこのプロセスを十分に理解しているのだろうか．

2012年に米国中西部で発生した干ばつについて考えてみよう．干ばつは，たまにしか発生しないが，発生すると大規模な影響をもたらすことが予測できるため，**グレイスワン事象***であるとみなすことができる．

表4・1は，“干ばつ状態が存在する”という宣言に至るまでのUSDA（United States Department of Agriculture, 米国農務省）による発表の順序を示している．USDAは，2カ月の間にどのように楽観的な見方から悲観的な見方へと移行したのだろうか．

NOAA（National Oceanic and Atmospheric Administration, 米国海洋大気庁）

表4・1 USDA（米国農務省）による干ばつ関連の発表

日 時	発表内容
2011年9月30日	穀物在庫の年末時点における見積もりは11.3億ブッシェル†．この見積もり値は前年比で30％低く，2004年以来最低である．
2012年3月30日	2012年度最初の測定値の発表．この時点の推定値はアナリストの期待を反映していた．
2012年5月10日	USDAはコーンベルトのほぼ全域で収量が増加と推定した．
2012年7月11日	USDAはコーンベルトの60％が干ばつに苦しんでいること，トウモロコシの品質は1988年以来の悪さであることを発表した．
2012年8月10日	USDAは1エーカー当たりの収穫量を123.4と発表した．この収穫量は1995年以来，最低である．

† 訳注：ブッシェル（bushel）とは，米国において穀物の計量に用いる単位である．1ブッシェル＝2150.42立方インチ＝35.238リットル．

* 訳注：グレイスワン事象（gray swan event）とは，発生する確率をあらかじめ合理的に予測し決定できる出来事をさす．

のパーマー水文干ばつ指数*によると，2012年1月には早くも干ばつの状況は米国上にあったことがわかった[5]．2012年7月におけるUSDAの干ばつに関する発表には驚かされたが，実は毎月更新される地図上において，干ばつの状況がどのように変化し，継続したかが示されていた．

AIモデルは，干ばつの状況を早い段階で認識することによって，少なくとも今後の干ばつにおいて，農家に警告を発せられるような学習を受けられるだろうか．

干ばつの発生は水分測定値であるパルマー水文干ばつ指数によって定義することができるので，ここでの答えは“YES”である．

指数が2.0未満であると，干ばつ状態にある地域であると特定される．2012年前半には，米国中西部の多くの州で干ばつが発生したが，恒久的な干ばつ状態にある米国の西部の州と比較すると珍しい現象であった．

NOAAは数十年前からのデータを保有しているため，AIを学習させ基準値を定義することが可能である．NOAAがウェブサイトで述べているように，干ばつを特定することは大変難しいと主張する人もいるだろう．しかし，AIによって干ばつの基準値を定義しようとする試みを妨げるものではない．

3章のオートノマスの農場システムの事例において示したように，米国の干ばつ地図は，農場運営から発生する測定データをもとにオートノマスによって構築することができる．

したがって，AIは干ばつ状態の終了時期を判断できるよりよい基準値を提供し，非常にきめ細かい地図を作成し，干ばつが問題になる前に，農家に警告を出すことができるようになるだろう．

別の質問をするならば，オートノマスにおけるAIコンポーネントがPCPEDDを実行するために十分な能力をもっているかどうかは，オートノマスがブラックスワン事象（black swan event）およびグレイスワン事象（gray swan event）に対処できるかどうかにかかっているのではないか．

本書において，**ブラックスワン事象**とは，大変大きなインパクトをもたらす

---

* 訳注：パーマー水文干ばつ指数（Palmer Hydrological Drought Index）とは，1965年，米国気象局のWayne Palmerによって開発された指数である．干ばつを終わらせるために必要な水分量に対する受取った水分量の比率を使用することによって，干ばつがいつ終わるのかを計算する．

が，誰も合理的に予想しえないレベルの出来事であると定義する．ブラックスワン事象の例としては，インターネットや PC の台頭が該当するだろう．

また，グレイスワン事象については，発生する確率をあらかじめ合理的に予測し決定できる出来事であると定義する．グレイスワン事象の例としては，発生確率がすでに調査できている飛行機の衝突事故などが当てはまる．

オートノマスがグレイスワン事象に遭遇した場合，どのように対処できるのだろうか．計画フェーズにおいて，すべてのグレイスワン事象がかなり厳密なレベルでオートノマスの目標に反映されているのだろうか．

4・4 目標と複雑な意思決定

AI はビジネスモデルの中に存在しており，その用途は徐々に拡大している．AI の能力（コンピテンシー）は，AI に対する全体的な理解ではなく，特定のソフトウェアやハードウェアの専門知識をもっている組織能力の中に組込まれる傾向がある．この傾向は，AI の活用の拡大とともに，変化するはずである．

企業は，1980 年代から現在まで，企業における IT 能力が進化したのと同様の方法で，AI についても組織が新たな役割を創出すると期待される．

企業には長い間，先進技術主導の会社であるのか，それとも，事業主導の会社であるのか，という問題が存在している．これは，（新旧の）技術主導で戦略を策定し，これに事業体を合わせることによって戦略を策定するのか，または，事業主導で戦略を策定し，これを支援する技術戦略を策定するのか，ということを問いかけている．あるいは，企業は事業面で独自の技術計略を追求すると同時に，技術面ではビジネスプロセスの中心となるシステムを選択するという両面から実行するということだろう．同じ力学が AI にも働く．企業は，技術と事業の両面からの支援を目的に，AI を導入するのではないだろうか．

その見返りとして得られるものは，誤った IT ベンダーを選ぶことや多くの選択肢からたった一つのものを選ぶより，かなり多い．AI コンポーネントは，いったん，構築されて実行したソフトウェアにとどまらない．ソフトウェアは時間とともに変化する．業務において処理されるデータは，基盤となる AI モデルを継続的に改善するだろう．AI モデルがビジネスプロセスを支援する幅や深さが大きいほど，より事業にとって重要な存在になる．事業にとって重要度が高く，AIモデルが最適化されているほど，事業の変更を要求される度合いが少なくなる．

企業は，AIモデルが事業と矛盾する方法で目標を追求していることを発見した場合，どのように対処すればよいのだろうか．企業とAIモデルは長い間，異なる目標を追求していたのだろうか．

問題の原因となったルールを元に戻すためにソフトウェアの構成を変更することは，もはや変化の問題ではない．基本的に，AIに対する修正作業から生まれたAIモデルは，望ましくない行動をしたモデルより優れていることは保証できないが，AIは何年もかけて集めたあらゆるデータをもとに再学習する必要がある．

AIは，ビジネスプロセスを支援するために与えられていた目標が正しいことを，どのようにして理解するのだろうか．

映画“ファンタジア”において，ミッキーマウスは魔法使いの弟子であった．ミッキーマウスは魔法使いの命令に従い，水を井戸からくみ出し大釜へと運ばなければならない．魔法使いが席を外した後，ミッキーマウスは魔法使いの帽子を使い，ほうきに魔法をかけ，水を運ばせた．ほうきは魔法で命令されたとおりに水を大釜に運んでくれるので，安心したミッキーマウスは居眠りをする．

ミッキーマウスが目覚めると，ほうきが井戸から大釜に水を運び続けており，水は大釜からあふれ，部屋が水浸しになっていることに気づいた．ほうきは一つだけの目標をもっていたが，部屋を水浸しにしないことや損害をもたらさないことは目標としていなかった．これは，“魔法使いの弟子問題”あるいは，“逆インスタンス化”*1 とよばれている*2, 6)．

基本的に，設計者の目標を反映したはずであるオートノマスの目標は，プログラム内でコード化され，テストされるが，実際には，オートノマスが設計者の意図したとおりに動作するという保証はない．

図2・2は，オートノマスがPCPEDDプロセスを継続的に実行していること

---

*1 訳注：逆インスタンス化（perverse instantiation）とは，ソフトウェア（AIなど）のプログラマーが目標を設定した時点では意図していなかったことが，ソフトウェアによってひどい方法で具現化されることを意味する．

*2 N. Soares, The value learning problem., Machine Intelligence Research Institute (2015). https://intelligence.org/files/ValueLearningProblem.pdf

を示している．

HFT（High Frequency Trading，高頻度取引）[*1]は現在，成熟したオートノマスの取引システムであり，最終的な目標を達成するために人の支援を必要としないことを想定しており，すでに大部分がそうなっている．防衛軍事システムにおいては，爆弾処理，地雷除去，対ミサイルシステムの領域にオートノマス化する機能を限定している[7)]．

AIがデータを収集し，処理し，完全にオートノマスによる解決方法を見いだしたうえで，人間の視点から脅威となるか，非道徳か違法行為になることを見きわめ，意思決定すると，状況はどれほど複雑になってしまうのだろうか．

世界がますますオートノマス化した能力へと移行し，私たちの生活に欠かせない重要な役割（たとえば，オートノマス化された自動車の新たなブレーキシステム）をもつようになる．新しく未熟なシステムは，絶え間ない学習とテストによって，自ら目標を改善し，問題に対処できるようになれるだろうか．

自動操縦装置は，長年にわたり航空機で使用されており，安全性には優れた実績がある．自動操縦装置には時間の経過とともにより多くの機能が追加された．現在は，自動操縦装置が飛行プロセス全体を統治することができる．しかし，実際には，飛行中に目的地のある一定の距離内に入った場合や，状況に応じて人間の操縦が必要になった場合には，自動操縦装置は解除される．

2009年6月1日，エールフランス447便が墜落した[*2]．航空機のピトー管[*3]が氷によって詰まった結果，自動操縦装置が解除されてしまった．報告書の要旨には，墜落の原因となった出来事が一覧されている．その出来事のおもな内容とは，自動操縦装置が解除された後の航空機乗組員による過失についてである．

この事故は，オートノマスがプロセスを制御しているにもかかわらず，オートノマスにすべての業務を実行させることで専門性を失った人間が，問題を解

---

*1　訳注：HFTとは，取引手順などを組込んだプログラムに従い，高速，高頻度で自動売買を繰返す取引のことである．

*2　Final report on the accident on 1st June 2009 to the Airbus A330-203 registered F-GZCP operated by Air France flight AF 447 Rio de Janeiro-Paris. BEA. 5 July 2012. https://www.bea.aero/docspa/2009/f-cp090601.en/pdf/f-cp090601.en.pdf

*3　訳注：ピトー管（pitot tube）とは，流体の流れの速さを測定する計測器であり，高速の航空機において最も一般的な速度計測手段である．

決するための専門性をもたないまま，グレイスワン事象やブラックスワン事象の状況に直面し，対応できなかったことを示す事例となった．

本来，この事例は，人間とオートノマスを組合わせることによって，有益な影響をもたらすというシナリオの例であるはずだった．多様なサプライチェーンにおけるプロセスなど，長期的なプロセスを支援するオートノマスは，明確に定義された制限内で運用される戦術的なソリューションを除き，ほとんど存在しない．

企業は，特にブラックスワン事象およびグレイスワン事象が発生した場合，サプライチェーンの運用を通じて複数の“逆インスタンス化”が発生しないよう，サプライチェーンの各要素における目標を確実に示す必要がある．

現時点でも未来においても，サプライチェーンのように複雑なプロセスに対する統治は，ますます人間とオートノマスとの複合システムによって行われるだろう．人間とオートノマスとの積極的な連携により，ブラックスワン事象またはグレイスワン事象が実現するよりも早くOODAループを実行することができる．たとえば，人間は干ばつや飛行機に関して制御不能なグレイスワン事象の発生を確認した場合，是正措置を講じることができる．

人間が意思決定をするために必要なものはすべて，行動可能な方針を内包するオートノマスによって提供できる．その行動は，干ばつの場合のように，グレイスワン事象自体を止めるのではなく，その出来事から受ける影響を軽減するために他の仕組みを活用することであるかもしれない．

このことは，オートノマス化によって失業した人間がどのようにして新しい職をみつけることができるのかということに対する洞察も与えてくれる．失職者は，他者に価値を提供するために，オートノマスと提携する方法をみつける必要がある．

4・5 “境界がある”対“境界がない”

元米国国務長官のHenry Kissingerは，Elon Musk, Bill Gates, Stephen HawkingをはじめAIが人類の存続に関わる脅威であると宣言した人物の一人であり，その考えを詳述した記事を発表した[8]．彼の見解は，非技術分野のリーダーをはじめ，多くの人々に影響を与えており，称賛されるべきである．Kissingerが新たに目を向けた倫理的な AI については，リーダーたちの関心をひきつけるだろう．

しかし，彼は，AI を人類の存続に関わる脅威であると主張した際，多くの人々と同じ誤りを犯した．それは，混同に基づく誤りである．

チェスや囲碁における AI プログラムの成功をもとに，サプライチェーンの管理や請求に対する調整においても AI プログラムを使用すれば同じように成功するだろうと考えることが，混同による誤りである．

これは，境界があるかないかという問題である．

チェスや囲碁のようなゲームのルールには境界がある．そのルールは規範的かつ複雑であり，決して変更されることはない．100 年前に書かれたチェスや囲碁に関する教本は，今日でも，いまだに関連性がある．AI にチェスや囲碁を学習させる際には，AI がどのように意思決定するかということも含んで，さまざまな興味深い方法でこの境界が利用されている．

チェスのルールがいつでも，どこでもランダムに変わるような状況を想像してみてほしい．たとえば，火曜日のシカゴで行われたチェスのルールと，木曜日に行われるモスクワのチェスのルールが異なる．メキシコではチェスの選手は毎年，月ごとに 1 枚ずつ，まったく異なるチェス盤を使用する．スウェーデンでは，ゲームが開始された後でも選手が各駒の役割を決定できるということになる．このような状態では，すべての人がいつでもどこでも従うことができるルールを書きとめることはできなくなってしまう．

"境界がない"場合に起こる問題としては，以下の例がある．

AI は，保険金請求やサプライチェーンなど，本質的には境界のないビジネスシステムに適用されている．保険金請求を裁定する際や，サプライチェーンを管理するときに AI が順守しなければならないすべてのルールを書きとめることは不可能である．これらを管理する能力をもたせるために AI に学習させる唯一の方法は，保険金請求やサプライチェーンを構成する無数のプロセスや企業に関する膨大な量のデータを与えることである．私たちは十分な量のデータが業務だけでなく，倫理的な要件も満たすような AI モデルをつくり出すことを志向しなければならない．こうした条件が満たされたかどうかについて，事前に知ることは不可能である．そして，このことを確認するためには 1 年以上を要することもある．さらに，新たな規制や，市場の需要の変化，新たな技術の登場により，ビジネスシステムに関するルールが常に変化しているため，これらのシステムは“境界がない”状態を保っている．

したがって，“境界がある”システムに基づくAIの能力についての結論が，“境界のない”複合システムに適用できるという主張は誤っている．

人間は，AIを“境界がある”システムに適用する能力には優れているが，“境界がない”複合システムにAIを適用する能力については脆弱である．私たちは，“境界がない”複合システムの一部にAIモデルを組込む方法を学んでいるところである．ある特定地域の人口に偏ったAIローンシステムを作成すると同時に，ほとんどの人間の運転手よりも優れた自動運転車を作成し管理しようとしているのである．

私たちは，“境界がない”複合システムに適用されたAIがどのように意思決定するのか理解し始めたばかりである．なぜ特定の意思決定をすることになったのか．AIを問いただすことは困難なためである．

アリゾナ州テンペにおいて実証実験中の自動運転車が巻込まれた死亡事故が鮮明に示している．

当局は，実際に何が起こったのかを理解するため，自動車自体を含む多くの情報源に頼らざるをえなかった．自動運転車は操作に関連する遠隔測定データを提供したが，“なぜ歩行者をひいたのか”という質問には答えられなかった．使用したAIについて正確に説明ができないという事態のために，自動運転車，自動化された農場，ドローンなど，AIの使用によって利益を得るはずの多くの分野において，AIの使用に対する重大な懸念が生じている．

最近の調査では，ほとんどの人は自動運転車に乗ることを嫌がっている．彼らは，人間が運転する自動車よりも，AIが運転する自動運転車の方が危険なのではないかと恐れている．

こうした懸念は，人間が部分的にAIを悪と位置づけ，非現実的な能力を授けられたターミネーターやSF映画にたどり着く．最初に自動運転車のメリットについて実証しようとせず，企業がどのように自動運転車を走らせようとしていたのか，というところにさかのぼる．その結果，実在するはずのものが存続せず，存在するという証拠がまだ入手できない段階において，著名人がAIに対して人類の存続に関わる脅威であると宣告するというところにたどり着いてしまう．

AI の分野については研究を続ける必要がある．しかしながら，AI とターミネーターを結びつけて心配することは，月と火星に対するあらゆる任務について考えたうえで，火星の人口爆発について心配してしまうことと変わらない．

AI について，これから何が起こるのか誰が知りうるというのだろうか．

参 考 文 献

1）R. Stuart, P. Norvig, "Artificial Intelligence——A Modern Approach", 3rd Ed., New Jersey：Prentice Hall（2009）.

2）訳者追加：J. R. Searle, 'Minds, brains, and programs', *Behavioral and Brain Sciences*, 3（3）, 417-457（1980）.

3）J. J. Rennie *et al.*, 'The international surface temperature initiative global land surface databank: Monthly temperature data release description and methods', *Geoscience Data Journal*, 1, 75-102（2014）.

4）J. J. Kennedy *et al.*, 'Reassessing biases and other uncertainties in sea surface temperature observations measured in situ since 1850: 2. Biases and homogenization', *Journal of Geophysical Research Atmospheres*, 116（D14）, D14104（2011）.

5）訳者追加：W.C. Palmer, 'Meteorological drought', *Research Paper* No. 45, U.S. Weather Bureau（1965）.

6）N. Bostrom, "Superintelligence", New York: Oxford University Press（2014）.

7）J. Thornhill, 'Military killer robots create a moral dilemma', FT.com（25 April 2016）. http://www.ft.com/intl/cms/s/0/8deae2c2-088d-11e6-a623-b84d06a39ec2.html#axzz46r8ijFVQ.

8）H. Kissinger, 'How the Enlightenment Ends', *Atlantic Monthly*（June 2018）.

オートノマスの拡張機能

5・1 3D プリンター

2012 年，ハリケーンのサンディーは，ニュージャージー州沿岸地域を襲い，714 億ドル（約 7 兆 8 千億円）という米国史上 2 番目の甚大な損害をもたらした．東海岸のこの地域は，被害を受けたすべての地域の中で最も大きな損害を被った．特にマントロキングという町ではすべての家屋が被害を受けた．この町はバーネガット湾と大西洋を隔てる狭く細長い半島にある．マントロキングにはバーネガット湾をわたり州道 35 号線から本土まで続く橋がある．他には，本土に向けて，2 車線の混雑する州道 35 号線を北に進む経路しかない．この橋は．州道 35 号線の一部とともに破壊された．そして，市民は避難したが，多くの家屋が消滅した．今では海岸に沿って荒廃した細長い土地が残されている．そこは，かつて，ニューヨークやニュージャージーなど大都市圏に住んでいる多くの人々の浜辺の別荘が建ち並んでいた．

家屋の修理や再建には時間がかかった．被災から 4 年経っても，家を失った多くの住民はまだ仮設住宅やホテルに住んでいた．その間，ニュージャージー州，米国連邦政府，多くの保険会社は，被災した家屋を，解体して再建すべきか，単に修理すべきかについて議論していた．そのため，何年たってもマントロキングの通りには，常に被害から復旧するために働く作業車が数多く駐車されていた．作業がいつ完了し，住民の要望がいつ解決するのか見通しは立っていなかった．

解体後，プレハブ住宅として再建された家屋もある．プレハブ住宅は，以前，建っていた家屋の基礎の上に設置された．本書のインタビューを受けた住民は，“隣の家の基礎の上に住宅が設置された．住宅が所定の位置までゆっくり移動していた．その住宅の中で，シャンデリアが前後に揺れているのを見た”と言っている．プレハブ住宅の人気は，大半の住民には驚きであったが，被災者が通常の生活を取戻すために家を持ちたいという気持ちは理解できる．しかし，**3D プリンター**を使えば数週間で新しい家が建てられるのに，なぜ人々は新しい家を 4 年間も待たなければならないのだろうか．大災害からリサイクルされた廃棄物を使用して，住宅資材を大量に 3D プリンターで印刷するというシナリオがあったならば，ニュージャージー州沿岸地域を早急に復興させることができたはずだ．

実際，中国には，住宅やそれ以上に大きな建物を印刷している企業がある[1)]．上海にある WinSun という建築デザイン会社は，リサイクルしたコンクリートで 10 軒の住宅，6 階建てのアパート，約 1110 m^2 の別荘を建設した．同社は，高さ約 6 m，幅約 10 m，長さ約 40 m の 3D プリンターを製作した．3D プリンターへの入力は，CAD（Computer-Aided Design，コンピューター支援設計）が描画した住宅の部品の図面と，コンクリートの塊，グラスファイバー，砂，特許取得済みの特殊な凝固剤を混合した材料である．3D プリンターからの出力は，住宅を建設するために必要な部品である．WinSun は，“従来の建設方法よりも構造物のコストを 60 %も低減し，建設の完了に要する時間も 30 %短縮，労力は 80 %少なく済む”と主張した．電気配線，パイプ，窓，ドアなどの部品は 3D プリンターではない従来どおりの方法で製造した．住宅になる構造物は後から追加される部品のために必要な空間を設けて印刷し，それぞれの部品は所定の位置に設置された．

3D プリンターによる製造は，積層造形といわれている．完成品を製造するために，印刷された材料の層の上に，層を重ねるためである．現時点で，従来から製造している製品はすべて 3D プリンターで印刷することができる[2)]．しかし，現状は，3D プリンターによる製品の製造がほとんど行われていない．ただし，3D プリンターの製品製造技術の対象領域は拡大しており，積層造形による加工方法は，製品製造の主流となりつつあることは確かである．その典型的な例はジェットエンジンに使用されるノズルである．ジェットエンジンには，各種のノズルが合計で 10〜20 個使われている．従来方式のノズルでは，約 20 個の部品を機械加工し，溶接して製造する必要がある．この方式は労働集約的であるとともに，大変多くの廃棄物が発生する．GE は現在，ジェットエンジン用の燃料ノズルを 3D プリンターで製造している．これは数年前では考えられなかったことである．3D プリンターによって，新たなジェットエンジン向けに，年間約 25,000 個のノズルを製造している．なお，GE は，3D プリンターが常に稼働している状態で単純な製品でも複雑なノズルでも常に同じ廃棄物の発生レベルで製造しているということ以外には，詳しい数値を公表していない．この製造方法は，従来よりも速く，安価な製品の製造を可能にした．

3D プリンターは社会にとって，いわゆる**グレイスワン事象**（p.81，脚注参照）であるのかもしれない．それは，即時かつ高額な調達を必要とする米国の海兵隊にも，従来は数カ月かかっていた資材調達を数時間で提供できるという可能性をもたらすものである[3)]．外科医は，ウシやブタの心臓から造られた交換用の心臓弁のサイズを合わせようとする代わりに，特定の患者用の心臓弁を 3D プリンターで印刷できる．新製品の開発においてもアイデアを試作品にし，また，大規模な生産を意思決定する前に市場調査も行うため，3D プリンターですばやく印刷することができる．古い自動車や機械の入手困難な部品は，設計図を作成しさえすれば 3D プリンターで製造できる．積層するための素材（“インク”の役割を果たすもの）は，再生したコンクリートから生きた細胞まで，どんな物質でも使用できる．靴やメガネなどのアパレル業界では，3D プリンターで製造された商品が販売されている[4)]．米国食品医薬品局（Food and Drug Administration, FDA）は，三次元印刷技術を用いた錠剤の製造を承認している[5)]．銃器も，3D プリンターで印刷できる．

3D プリンターの影響は重大である．三次元印刷技術がもたらす未来には，世界の新たな可能性を拓くか，破滅に向かうという結論が存在する．確かに，3D プリンターは，将来に向けて期待される生産性を実現し十分な規模を獲得できるならば，重要な影響をもたらすだろう．しかし，何が規模の獲得に影響をもたらすのだろうか．影響は衝撃的なのか，あるいは，単なるマニア向けの新たな玩具にすぎないのだろうか．第 9 章（製造業）では，オートノマスのコンテキスト（文脈）によって 3D プリンターがもたらす影響について議論する．私たちの結論は，3D プリンターは新たな玩具というより衝撃的な発明である．

5・2　ブロックチェーン（分散型台帳技術）

多くの人は一列に並んで行う伝言ゲームをしたことがあるだろう．最初の人は隣の人だけに伝言を伝える．2 人目は，振返って 3 人目の人に伝言を伝える．3 人目は，最初の人が 2 人目に何を言ったかを知らない．そして，2 人目が最初の人の言った内容を伝えていると信頼しているだろう．それを続けると，100 人目は 99 人目から伝言を聞くことになる．100 番目の人は，最初の人が言ったと思われる内容を大声で発表する．ほぼ確実に，最初の人と 100 番目の人の内容は一致しない．誰もわざと伝言を間違えようとしていなくても，情報は改ざんによって破壊されてしまう．ここで，誰かが最初の人からの伝言の伝達を妨げようとしたのかという問題を考える．ほんのわずかであっても，簡単に伝言の内容は揺らいでしまう．伝言ゲームの後続の列では，何度もわずかな変更が繰返される．**ブロックチェーン**は，最初の人が伝えたままの内容が，不正行為による改ざんや混入なく，100 番目の人に正確に伝わることを保証する．

ブロックチェーンについて聞いたことがあるだろうか．ブロックチェーンは，産業界で起こりつつある変革を支える基盤であり，かつ，その変革の一部である M2M (Machine to Machine) によるトランザクションを実行する技術である．ブロックチェーンは，時間が経てば，インターネットと同じくらい私たちの社会に影響を与える**ブラックスワン事象**（p.82 参照）となるだろう．インターネットは，誕生から 1995 年までの年数を経て技術が成熟した．そして 1995 年には，インターネットの最後の制限であった営利目的の利用制限が解除された[6)]．その後 10 年で，インターネットは産業界にとって欠かせないインフラになった．ビジネスモデルとしては，大規模なスクラッチ（手組み）開発による業務上，最重要（ミッションクリティカル）なプロセスから，インターネット上で動作するアプリケーションによって管理されるプロセスへと移行した．今日，ビジネスモデルは，インターネットの存在を，電気と同じくらいの存在としている．1995 年までにも World Wide Web は利用できたが，産業界には知られていなかった．現在のビジネスモデルでは，インターネット技術を業務上，重要なプロセスに組込むだけでなく，モバイル（遠隔）操作を実現する技術も取入れている．ブロックチェーンは，やがて現在の状態からはるかに洗練し成熟した状態になると想定できる．ブロックチェーンにも，インターネットや電力と同様に重要な存在となることを前提として，World Wide Web のように基本的な新機能の強化に向けた開発が期待される．

ブロックチェーンがもたらす変革は，おそらく，1494 年に導入された複式簿記*と同じように，広範にわたるだろう．私たちが知っている会計学は，イタリアのジェノバで始まった．フランシスコ修道会の修道士であり数学者であった Luca Pacioli が最初の会計学の本を書いた．複式簿記や会計学は，それまではなかったツールであった．そして，急速に広まったが，その普及はそれほど目立たなかった．しかし，すぐに欧州で広まり，最終的には米国のどの企業も，複式簿記なくしては経営ができない状況になった．複式簿記や会計学は，第一次および第二次産業革命における変革を支えた．そして，複式簿記や会計学は今日も使われており，私たちが目にしている衝撃的な変革も支えている．“複式簿記は，今日の資本主義の隆盛を可能にした不可欠な要素の一つである”と主張する人々もいる（保険は別として）．

ブロックチェーンがブラックスワン事象になる可能性があるのはなぜだろうか．ブロックチェーンの革新的な特長は，信頼できる第三者機関の必要性をなくしたことである．信頼できる第三者機関とは何だろうか．信頼できる第三者機関とは，トランザクション（取引）の当事者が，あらかじめ定められた規則に従ってトランザクションを実行したかどうかについて，高い信頼性に基づき，検証する機関である．信頼できる第三者機関には，銀行，投資会社，政府，会計事務所，そして，貨幣などが当てはまる．

ブロックチェーンのように簡単な仕組みが，信頼できる第三者機関を不要にすることになるという予想は現実的だろうか．新技術の歴史においては，当初の期待に応えることができなかった例が多数存在する．同じことがブロックチェーンにも起こりうると考えるのは当然である．一つ目としては，日々発生する数兆ものトランザクションを処理できるのか，というブロックチェーンの規模に関する大きな問題がある．二つ目は，既存の信頼できる第三者機関が支配的な地位を維持し，ブロックチェーンの進化を自社の有利になるように制御するのではないかという問題である．AT & T，Comcast，Facebook，Google，Apple などの企業は，インターネット業界で世界的に成功した．世界中の人たちが直接インターネットを使用することなく，前述の企業が提供する携帯電話，

* 訳注：複式簿記とは，企業における取引などによる財産の変動を，貸方，借方の双方から帳簿に記録するものである．このとき，貸方と借方の合計金額が一致することが特徴である．

タブレット，PC，テレビからアプリケーションを利用している．同じような動きがブロックチェーンでも起こると予想される．何らかの資産（家，自動車，先物取引契約，ダイヤモンド，ビットコイン，…）のトランザクションを記録したブロックチェーンの所有者は，誰でも，その資産を含むトランザクションに依存するビジネスモデルを支配するようになる．

ブロックチェーンはどう機能するだろうか．図5・1は単純なトランザクションに発生するイベントを時系列に示したものである．ブロックチェーンは，誰でも参照できるが，誰も所有や制御をできない，公開かつ共有を前提とした信頼性の高い台帳である．“分散，共有，信頼”とは，ブロックチェーンシステムの利用者がブロックチェーンを集団的に管理することを意味する．ブロックチェーンは，ブロックチェーンへの変更が発生すると制御され，ルールベース（ルールの集合体）に基づく方法で実行する仕組みになっている．ブロックチェーンの台帳は，誤って二重支払いが発生しないことを保証する．また，ブロックチェーンにおけるトランザクションは永久に記録される．

このトランザクションにはドルの交換も含まれるが，その他にも，オートノマス，食料の原産地，医療処置，保険金請求，権利書，個人の履歴書，投票内容などのトランザクションが含まれることもある．私たちは，どこでみつけた[7)]ものであろうと，トランザクションの詳細にはかかわらない．結論としては，ブロックチェーンは信頼を分散する方法であるということである[8)]．ブロックチェーンは，それまで無関係な二つのエンティティ（人間または非人間）が，何らかの価値（通貨，情報，有形財）の交換を含む契約を締結し，期待どおりにトランザクションが完了することを保証する．

ブロックチェーンはどれほど便利なのか．その質問には，まだ答えられない．仮想通貨にとって，ブロックチェーンは便利なものであり．関係性も深い．ブロックチェーンには**パブリックチェーン**（公共用のブロックチェーン）と**プライベートチェーン**（個人用のブロックチェーン）の2種類がある．パブリックチェーンおよびプライベートチェーンは，P2P分散ネットワーク*と多くの類似点がある．P2P分散ネットワーク上で，利用者が電子署名したトランザク

＊　訳注：P2Pはpeer-to-peerに由来する．ピアとはネットワークの端末（ノード）の意味であり，P2P分散ネットワークとはピア同士が対等な立場で通信をするネットワークのことである．

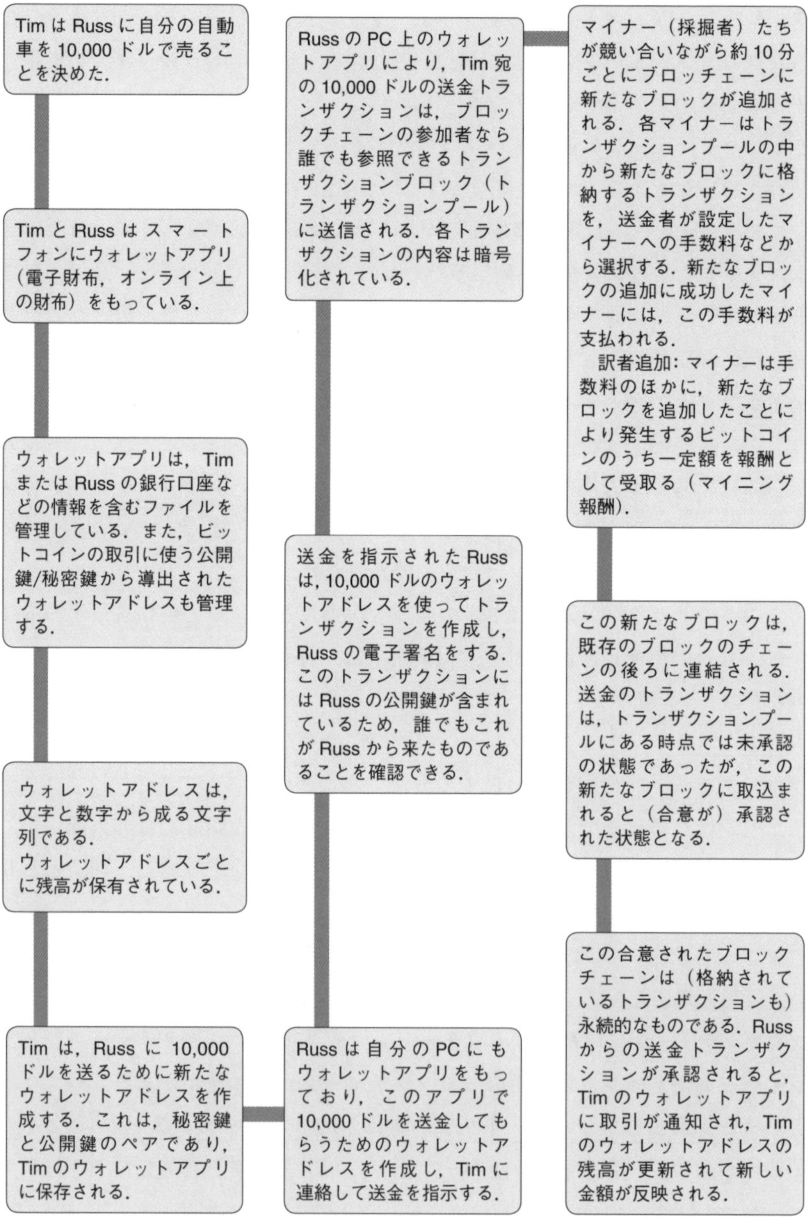

Tim は Russ に自分の自動車を 10,000 ドルで売ることを決めた.

Tim と Russ はスマートフォンにウォレットアプリ（電子財布，オンライン上の財布）をもっている.

ウォレットアプリは，Tim または Russ の銀行口座などの情報を含むファイルを管理している．また，ビットコインの取引に使う公開鍵/秘密鍵から導出されたウォレットアドレスも管理する.

ウォレットアドレスは，文字と数字から成る文字列である.
ウォレットアドレスごとに残高が保有されている.

Tim は，Russ に 10,000 ドルを送るために新たなウォレットアドレスを作成する．これは，秘密鍵と公開鍵のペアであり，Tim のウォレットアプリに保存される.

Russ は自分の PC にもウォレットアプリをもっており，このアプリで 10,000 ドルを送金してもらうためのウォレットアドレスを作成し，Tim に連絡して送金を指示する.

送金を指示された Russ は，10,000 ドルのウォレットアドレスを使ってトランザクションを作成し，Russ の電子署名をする．このトランザクションには Russ の公開鍵が含まれているため，誰でもこれが Russ から来たものであることを確認できる.

Russ の PC 上のウォレットアプリにより，Tim 宛の 10,000 ドルの送金トランザクションは，ブロックチェーンの参加者なら誰でも参照できるトランザクションブロック（トランザクションプール）に送信される．各トランザクションの内容は暗号化されている.

マイナー（採掘者）たちが競い合いながら約 10 分ごとにブロックチェーンに新たなブロックが追加される．各マイナーはトランザクションプールの中から新たなブロックに格納するトランザクションを，送金者が設定したマイナーへの手数料などから選択する．新たなブロックの追加に成功したマイナーには，この手数料が支払われる.

訳者追加: マイナーは手数料のほかに，新たなブロックを追加したことにより発生するビットコインのうち一定額を報酬として受取る（マイニング報酬）.

この新たなブロックは，既存のブロックのチェーンの後ろに連結される．送金のトランザクションは，トランザクションプールにある時点では未承認の状態であったが，この新たなブロックに取込まれると（合意が）承認された状態となる.

この合意されたブロックチェーンは（格納されているトランザクションも）永続的なものである．Russ からの送金トランザクションが承認されると，Tim のウォレットアプリに取引が通知され，Tim のウォレットアドレスの残高が更新されて新しい金額が反映される.

図 5・1　基本的なブロックチェーンのプロセス

ションの追記専用台帳の複製を共有するとともに，保持する．保持については，利用者が複製された台帳の合意形式アルゴリズムによって同期を取る方法や，悪意のある利用者がいても，台帳が改ざんされないことを保証するという方法がある．ビットコインはパブリックチェーンである．

パブリックチェーンとプライベートチェーンの唯一の違いは，ネットワークに参加でき，合意形成プロトコルを実行し，共有された台帳を保持できる利用者が異なることである．パブリックチェーンは完全に公開されており，誰でも利用者になることができる．通常，ネットワークには，より多くの利用者がネットワークに参加することを促す奨励制度がある．一方，プライベートチェーンには招待が必要である．そして，ネットワークの開設者や，開設者が設定した規則のいずれかによって，利用者を認証することになる．プライベートチェーンを開設する企業は，一般的に，閉域網を敷設する．このネットワーク上では，許可された利用者と認証済みのトランザクションだけに制限される．希望者は，利用にあたって招待または参加許可を得ることが求められる．

ブロックチェーンの広範な適用は，プライベートチェーンから進展するだろう．企業はそれぞれの事業分野でプライベートチェーンの用途をみつけられるだろうか？

一方で，ブロックチェーンは過度な評価を受けている．おもな理由は，多くの人たちが，ブロックチェーンについて，すでに普及しているデータベースに代わるものであると理解していないことにある．人は“自らが解決しようとしている問題は何か”ということを，自問しなければならない．ほとんどの場合，利用者が Oracle の DBMS や SQL サーバーなどのリレーショナルデータベースを適切に使用することで，問題を解決できる．最新のリレーショナルデータベースを利用することで問題が解決できるならば，これを採用するべきである．既存技術の背景には数十年にわたる成熟の過程があり，その技術に関する広範かつ多数の専門家に頼ることもできる．それに比べ，ブロックチェーンは，数十年ではなく月単位のタイムスケール（時間軸）でしか利用されていない．

5・3　スマートコントラクト（スマート契約）

ブロックチェーンを適用する 2 番目の概念は，**スマートコントラクト**（スマー

ト契約）である[9)]．スマートコントラクトの最初の定義は，以下であった．

スマートコントラクトは，契約条件の実行をコンピューター化している契約である．スマートコントラクトを作成する目的は，一般的な契約条件（決済条件，先取特権，機密保持，執行など）を満たし，悪意のある偶発的な例外を最小限に抑え，信頼できる仲介者の必要性を最小限に抑えることである．関連する経済的目標には，詐欺による損失，仲裁および執行費用，その他の取引費用の低減が含まれる．

スマートコントラクトは，私たちの生活やビジネスで遭遇する契約ではない．スマートコントラクトは，ビジネス上で交わされる略式の契約よりも特殊で優れた機能を備えた契約というわけでもない．さらに，スマートコントラクトは，裁判所からの判決を必要とするような契約でもない．

スマートコントラクトは，プライベートチェーンを活用し，カプセル化されたビジネス上のルールと考えることができる．そのルールとは，ブロックチェーンに埋め込まれたソフトウェアのコードであり，トランザクションがブロックに追加されるたび，または，ブロックがブロックチェーンに追加されるたびに実行される．これはデータベースのトリガーと同じように考えることができる．スマートコントラクトの場合には，トランザクションを実行するためのコンテキストを指定し，契約の成立と履行が決定されることになる．

スマートコントラクトは，ビジネスの洞察力をもつ人たちと協力して．スマートコントラクトの動作方法を定義する開発者によって生み出された．データベースのトリガーと同じように，スマートコントラクトは処理時間を要するため，契約件数が増えすぎるとブロックチェーンの更新が遅くなる．スマートコントラクトのテストは，循環契約のルールに関する過去の経験からいっても重要である．

5・4　トローン

自動運転による無人トラックの活用については，市場から多くの支持を得ている．トラックは，サプライチェーンにおいてロジスティクスを構成している．サプライチェーンは，過去20年間にわたりリーン生産方式が出現し，浸透することで，品質管理が強化され，自動化も進展し，厳格なスケジュール管理も行われている．高度に統合されたプロセスの中で，原材料は部品の製造業者へ，部品は組立工場へ，そして，完成品が消費者へと輸送される．トラック輸送は統合プロセスの鍵となる．トラックは主要な輸送インフラを使用しており，きわめて大きな負荷をこのインフラにかけている．2015 年，トラックが米国の交通死亡事故の約 10 %にあたる 3852 件をひき起こしている．

トラックの自動運転化が目標というわけではない．トラックを操作する AI の開発は，自動車よりも大きな課題を抱えている．道路状況はいうまでもなく，荷重や形状によっては，大きな空気力学的変化が生じる可能性がある．シカゴの街を走るトラックを見たことがあるだろうか．それは美しい光景でない．

真の目標は，**トラックドローン**，すなわち，**トローン**を開発し展開することにより道路上からトラックを排除することである．トローンについては，積載量 5000 ポンド（約 2.3 トン）以上で最大到達距離 1000 マイル（約 1600 km）から始め，最終的には 5 万ポンド（約 23 トン）で最大到達距離 2000 マイル（約 3200 km）を目指している．トローンの事業企画書では，航空会社，トラック運転手，政府機関の税収のどれにとっても大きな利点があり，損失もないことが示されている．サプライチェーンへの利点は，ロジスティクスの仕組みをトローンによって簡素化できることである．たとえば，トローンは機動性が高く，柔軟な運用ができるため，ハリケーンの被害があった地域にも配送できる．また，企業や消費者の需要変化に伴う商品の入替えにも迅速に対応できる．より広い視点からは，サプライチェーン上のパートナーの処理能力が変化しても柔軟に調整し，急激な変化にも対応することでサプライチェーン全体の機能を維持できる．トローンの重要な特長は，集荷地点から配達先まで直線ルートを飛行できることである．飛行ルートには，交差点，信号機，入口/出口，進路を妨げる車両も存在しない．

間もなく，目標とする積載量や最大到達距離を実現し，米国内を縦横無尽に往来するトローンが，製造されるだろう．これは研究課題ではなく，工学的な問題である．トローンの大きさと積載量は時間とともに増加していく．現時点で最大のトローンは，Urban Aeronautics の Air Mule と，Griff Aviation の Griff

800（どちらも米国企業ではない）であり，1000 ポンド（約 450 kg）を超える積載物を 45 分以上運ぶことができる．防衛産業は，軍事技術の民生転用につながる取組みとしてトローン開発を行っている．

5・5　拡張現実と仮想現実

私たちは，**拡張現実**（Augmented Reality, AR）に慣れ親しんでいる．テレビのスポーツ中継で常にみかける．スコアボードのような画面上のアニメーション，たとえば，アメリカンフットボールのファーストダウンを示すラインが中継映像上に黄色の線で表示される．アイスホッケーでは，解説者の Eddie Olczyk が，テレストレータというソフトウェアによって，試合の動画に解説図を描き加え，シカゴ・ブラックホークスのプレーについて解説する．また，カーレースでは，ゴールのタイム差を判定する場面にも AR が活用されている．AR は，人工的に，私たちの経験を高め豊かにしてくれる手段である．

仮想現実（Virtual Reality, VR）は，現実世界を仮想世界に置き換えるデジタルエクスペリエンス（経験）である．SF シリーズ“スタートレック”のホロデッキ[*1]を考えてみよう．VR は，新たな三次元空間を制作するためのゲームエンジンとして必要とされる．また，利用者が仮想空間を移動するとともに，連続的に変化する三次元データを視覚化するためにゴーグルセットが必要である．仮想現実は架空の場合もあれば，自動車，飛行機，建設機械などの実物から三次元映像を作成（レンダリング[*2]）することもある．後者はトレーニングに役立つとともに，実物を使わずにシミュレーションできるという利点もある．

AR と VR は，現在のニーズへの対応だけでなく，将来のニーズに基づき，オートノマスの AI コンポーネントを学習させることができる．オートノマスが，性能を十分に発揮できない状況（たとえば，極端な気象条件に遭遇した自動車）を経験したとする．オートノマスは，大量かつ微細な変更によって，コンテキストを再作成し，極端な気象条件に遭遇した場合にも，安全運転ができるよう，再学習する．本質的には，自動車は自分自身を再訓練するために，遭遇

＊1　訳注：ホロデッキとは，“スタートレック”に登場する一部屋全体がゴーグルセットなどなしにホログラム映像により，没入型の仮想現実となる設備である．

＊2　訳注：レンダリングとは，三次元映像をもとになるデータから作成することである．

したばかりの現実に似た仮想現実を創出する．再学習用の仮想現実は，他の自動車が購入を決めた場合には，提供できる．

参 考 文 献

1) B. Sevenson, 'Shanghai-based WinSun 3D Prints 6-Story Apartment Building and an Incredible Home', 3D Print.com. (18 January 2015). https://3dprint.com/38144/3d-printed-apartment-building/

2) M. LaMonica, 'Additive Manufacturing GE, the world's largest manufacturer, is on the verge of using 3–D printing to make jet parts', *MIT Technology Review*. https://www.technologyreview.com/s/513716/additive-manufacturing/

3) L. M. Bacon, 'Here's how Marines are using 3–D printing to make their own parts', *Marine Corps Times* (30 April 2016). http://www.marinecorpstimes.com/story/military/2016/04/30/heres-how-marines-using-3-d-printing-make-their-own-parts/83544142/

4) M. Fitzgerald, 'With 3–D printing, the shoe really fits', *MIT Sloan Management Review* (28 May 2014).

5) E. Palmer, 'Company builds plant for 3DP pill making as it nails first FDA approval', fiercepharmamanufacturing.com (3 August 2015).

6) S. R. Harris, E. Gerich, 'Retiring the NSFNET backbone service: Chronicling the end of an era', *ConneXions,* 10 (4) (1996).

7) S. Nakamoto, 'Bitcoin: A Peer-to-Peer Electronic Cash System'. https://bitcoin.org/bitcoin.pdf (The original paper).

8) 'The promise of the blockchain: The trust machine', *The Economist* (31 October 2015). https://www.economist.com/leaders/2015/10/31/the-trust-machine

9) N. Szabo, 'Smart Contracts' (1994). http://www.fon.hum.uva.nl/rob/Courses/InformationInSpeech/CDROM/Literature/LOTwinterschool2006/szabo.best.vwh.net/smart.contracts.html

地球規模での食料供給

6・1 はじめに

牛の乳搾りを経験したことがあるだろうか．そこはとても働きにくい環境であり，たとえるなら，混雑した空港のトイレに職場があるようなものだ．搾乳をする牛舎は，片側または両側が開いていることが多い．酪農家は，数十から数百頭の乳牛から発生するガスを排出する必要がある．乳牛たちは，朝6時に排泄しているとき，人間が自分たちに搾乳機を取付けようと近くに立っていることを知らない．そして，乳牛たちは，酪農家が乳搾りをしている間は真冬でも仕方なくTシャツしか着ることができないほど自分たちが熱を発している熱源となっていることも理解していない．乳牛たちは指示に従わないが，時間をかければ，訓練できる．それでも，あなたは，動きたがらない1400ポンド（約640 kg）の乳牛を牛舎の一画に移動させねばならないのである．

乳牛たちが休暇を取ると思っているだろうか．通常，酪農家は，1日に2回，搾乳をしなければならない．さもなければ，乳が張りすぎて貴重な乳牛を失うかもしれない．つまり，イリノイ州の酪農家は，氷点下*のクリスマスの朝6時と夕方6時であろうと，搾乳をしなければならない，ということである．たとえ，酪農家が，インフルエンザにかかったり，腕を骨折したり，親友か親類の死を悲しんでいても，搾乳を休むことはできない．なぜなら，午前6時に，搾乳しなければならないためである．一般的には，午前6時という時間は，子どもたちに朝食をとらせ，学校に行かせるために親が起きる時間である．一方，乳牛たちは勝手に冷蔵庫を開けて食べ物を持って行って食べることはできないので，人間の子供より手間のかかる存在である．

---

* 訳注：米国は華氏度を使用しているため，本書において，氷点下とは摂氏度で−17.8℃以下をさす．

牛乳運搬用トラックは，クリスマスの日にも，感謝祭の日にも，酪農家がインフルエンザにかかっている日にも，やってくる．牛乳運搬用トラックの運転手は，生乳を低温殺菌し，瓶詰めし，地元の小売店に出荷するため，牛乳の製造工場に輸送する．搾乳から店頭に並ぶまでに要する合計時間は約48時間である．

あなたが酪農家に向いていないならば，リンゴ農家はどうだろうか．リンゴ農家と酪農家を比較してみよう．手間の少なそうな大きなリンゴの樹の列を見ると，いつもリンゴ農家は酪農家より楽だと感じる．稲作などのように毎年リンゴの樹を植える必要もなく，クリスマスの朝6時の作業もなく，排泄物もなく，−20℃以下でも面倒をみなくてはならない気性の荒い動物もいない．1年に1回，約6〜8週間，リンゴ農家はリンゴの樹を移動しながら，リンゴの樹の枝や地面からリンゴを簡単に収穫してコンテナをいっぱいにする．リンゴ農家になることは，すばらしい選択のように思われる．

しかし，リンゴ農家には，目に見える問題ではなく，目に見えない問題がある．問題は二つあり，一つは制御可能であるが，もう一つの制御は難しい．一つ目は，多種多様な害虫の問題である．害虫は神出鬼没でみつけにくく，見栄えの良いリンゴに寄生し，食い荒らすため売り物にならなくなる．リンゴ農家は自分のリンゴ園にいる害虫を理解しなければならない．つまり，生物学的に害虫を理解し，どの農薬を使うのか，どの種類の害虫にいつ散布するのか，を決める．リンゴ園には，平均して年間30種を超える農薬が散布されており，リンゴは最も強力に農薬で処理された作物の一つである．

二つ目は，リンゴ園が屋外にあるという問題である．リンゴ農家は，樹々に影響をもたらす天候を制御できないが，ファンやバーナーで極端な温度変動による影響を緩和することはできる．寒さの厳しい冬のあと，暖かく湿った春の天候が訪れ，再び，寒い天候に逆戻りすると遅霜が発生し，リンゴ園に大打撃を与え，甚大な損害をもたらす．この気象変動は，米国北部のリンゴ園とフロリダ州北部のオレンジ果樹園に同様に被害をもたらす．しかし，ファンやバーナーを使った緩和対策は費用がかかり，小さな果樹園には適していない．

果物栽培のもう一つの側面は，多くの果物や野菜が食料品店に14カ月も保管されているため，栄養価や老化防止のに効果を期待されている抗酸化物質がほとんどない状態になっていることに，消費者が気づいていることである[*1]．私たちが購入する果物や野菜の多くは，管理された環境に最大12カ月以上保管されている（それ以外の方法で，8月にどうしてリンゴを手に入れることができるだろうか）．店内のリンゴは平均12〜14カ月，保管されたものである．レタスは1カ月以上，バナナは14日間，トマトは6週間以上，ジャガイモとニンジンは9カ月以上，保管されている．これらが保管されている制御された環境とは冷蔵倉庫であり，劣化を遅らせるために庫内気温が調整されている．世界のさまざまな地域でリンゴの生産とロジスティクス（物流）サービスが拡大するにつれて，米国のリンゴ生産者は，国内の生産者との競争激化に直面するだけでなく，米国外のリンゴ生産者との競争激化にも直面するだろう．つまり，1年のうち新鮮な米国産のリンゴが入手できない時期には南半球の新鮮なリンゴが店内の古い米国産リンゴに取って代わるということである．

農場から食卓まで，食料とタンパク質の生産は，自動化の最先端にある．オートノマス化した農場を運営するために必要な機能の多くが整備されているためである．農場の運営は，自動運転で稼動する機械や，肥料を散布し作物の健康状態を監視してくれるドローンが，自動化を促進している．搾乳作業も自動化できるようになり，これまで手作業に依存していた家畜の飼育は，現在の技術でも完全に自動化できるようになった．家畜の飼育は，自動化に関する基本的な技術を適用する最後の分野である．そして，この分野でさえ，少なくとも概念的には，人間の介入なしに家畜を飼育できる特許取得済みの飼育施設が存在する[*2]．先進国の地球規模での食料供給におけるほとんどのプロセスは，家畜の飼育を含め，ほぼレベル4の自動化ができている．そして，新興国においては自動化に要する時間が先進国に比べてはるかに速いはずである．

6・2 従来の農業

農業のサプライチェーンには，“農家”，農家の顧客である“消費者”，農家の価値創造パートナーである“食品製造業者”の三つのおもな関係者がいる（図

*1 Autumn Giles, The science of cold apple storage, ModernFarmer.com, 5 August 2013 (http://modernfarmer.com/2013/08/the-science-of-cold-apple-storage/).

*2 “Automated animal house”, U.S. Patent 6,810,832, 18 September, 2002 (http://patft.uspto.gov/netacgi/nph-Parser?Sect1=PTO1&Sect2=HITOFF&d=PALL&p=1&u=%2Fnetahtml%2FPTO%2Fsrchnum.htm&r=1&f=G&l=50&s1=6,810,832.PN.&OS=PN/6,810,832&RS=PN/6,810,832).

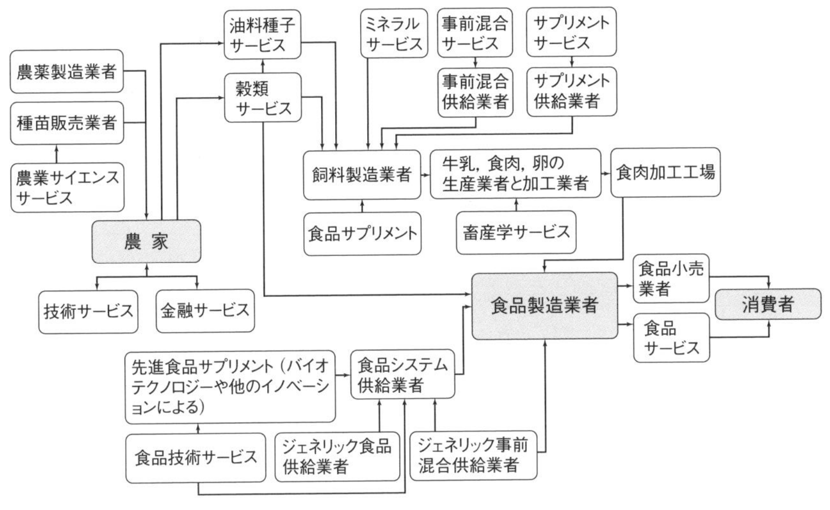

図6・1 食品サプライチェーン

6・1)．農家の価値創造パートナーである“食品製造業者”は，作付けに先立ち，どの作物を植えるか，どのくらい農機具を調達し，資金調達はどうするか，殺虫剤はどうするか，それらを農場に運搬するロジスティクスサービスはどうするかなどを支援する．顧客である“消費者”は，食品小売業者や食品製造業者に至るまで，さまざまに消費する．実際には，穀物類のほとんどの“消費者”は家畜事業者である*．

図6・2に示されている機能のうち，従来型の農業における主要な機能を以下に示す．

1. 作物管理: 農作物の生育，成長，および収穫量を管理するための農業手法である．その農業手法は，作物（冬作物，春作物），収穫された形態（穀物，生草のまま家畜の餌にする緑餌（りょくじ）など），作付け方法，土壌条件，および気象条件によって異なる．
2. 家畜管理: 家畜（ニワトリ，ウシ，ブタなど）の育成，成長，収穫量を管理

* “Corn”, USDA Economic Research Service, http://www.ers.usda.gov/topics/crops/corn/background.aspx.

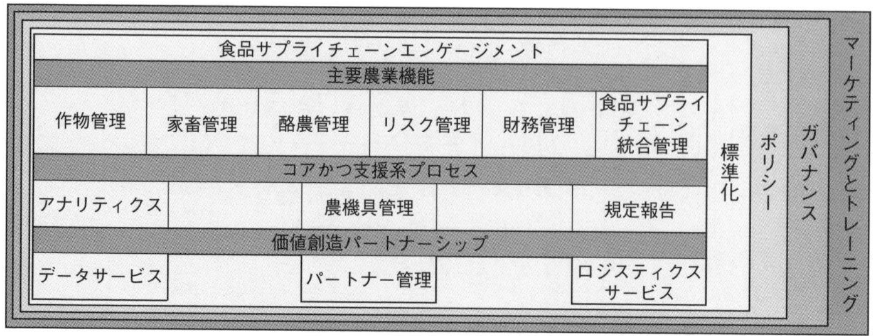

図6・2　食品サプライチェーンのビジネスモデル

するための農業手法である．

3. 酪農管理: 乳牛の育成，成長，および収穫量を管理するための農業手法である．
4. リスク管理: おもに作物と家畜に対する保険である．精密な天気予報と関連するソフトウェアツールは，農場運営において10〜14日後に発生する可能性のある短期および長期の問題に対する意識を高めた．
5. 財務管理: 機械，種苗，その他の原材料のための資金繰りに対して，リスクをヘッジ（回避）するために先物市場とオプション市場を組合わせた農業手法である．
6. 食品サプライチェーン統合管理: 穀物，乳製品，家畜が，農場から穀物貯蔵施設（カントリーエレベーター），乳業加工業者/流通業者，屠殺場へと運搬される．この機能は，ほぼ手作業で行われる．

コア・プロセスと支援系プロセスは，以下のとおりである．

1. アナリティクス: 作付された穀物の量，家畜のサイズ，乳製品の生産量といった従来からの情報について，農家や他のデータサービス会社が取得し，分析する．
2. 農機具管理: 農場には多くの農機具がある．農家は，季節に応じた農機具を選び，必要ならば講習を受け，資金を調達し，農機具を操作し，修理するためにかなりの時間を費やす．また，農機具の操作に関する記録も必要である．
3. 規定報告: 地球規模での食料供給は大変重要であるため，政府はサプライチェーンのすべての関係者からうんざりするほど膨大な量の報告書の提出を要求する．これらの報告書のもとになるデータは，農家と価値創造パートナーから提出される．

従来型の農業における価値創造パートナーシップについては，以下のとおりである．

1. データサービス会社: 農家の従来からの主要データは，気象条件，種苗に関する情報，作付け条件，作物の市場価格などである．農家と他のサプライチェーンの関係者は，このデータを１日に複数回という高頻度から，１年に１回という低頻度まで，必要に応じさまざまな頻度で活用する．
2. パートナー管理: サプライチェーンにおける農家と他の関係者は協力し合う．農家は，穀物商社/流通業者および食品製造業者と良好な関係を築き合う必要がある．これらの仲買人は，穀物や家畜の信頼できる供給者と，商品を販売する市場を確保する必要がある．
3. ロジスティクスサービス会社: サプライチェーン全体で，食料を運搬できるトラックを所有することは大きなビジネスにつながる．多くの農家は，生産物を運搬するために自分たちのトラックを所有しており，運搬サービスを他の農家にも提供している．また，トラック運送会社は，大量の農産物を列車や荷船に運搬する．

食品サプライチェーンの関係者にとって従来から重要とされるデータの種類を図６・３に示す．短期（数秒〜1カ月）のデータで支援される機能は，関連する時期（酪農では毎日，穀物や畜産では数週〜数カ月）に提供される．農家は他の仕事に比べて二つの大変な作業期間（作付けと収穫）があるため，リスクのヘッジ（回避）や収穫物管理などの活動は急に変化する可能性がある．短期の契約労働者は，おもに収穫期に活躍するが，同じく大変な作業期間にあたる作付けの時期にも役に立つ．

長期の時間尺度（タイムスケール）では，農家は天気予報と天気関連の分析によってリスクを管理する．たとえば，果樹園における寒波予測は，過去データに基づく長期の天気予報と分析から導き出される．この分析結果は，悪影響

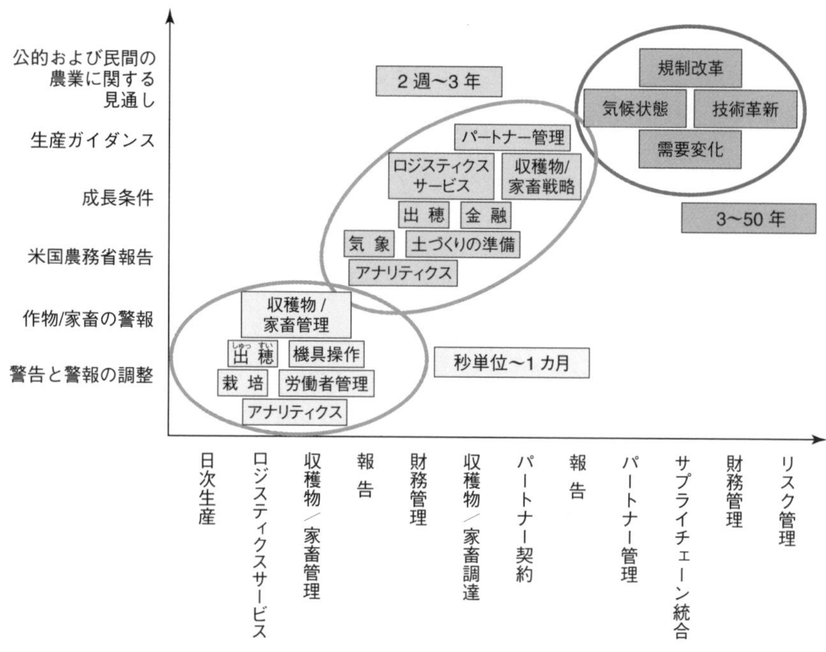

図6・3　食品サプライチェーンを自動化するために必要なデータ

が予測される果樹園の地域にあらかじめヒーターとファンを準備する対策や，農作物保険に加入しているならば，保険を請求し，資金調達の計画を変更する対策，農作物被害の現地調査の要否の確認などに役立つ．

農家が必要とする長期的なデータは，気候現象（10年以上続く寒冷気候の周期に入るなど），規制（連邦政府からの要求など），技術〔GPS（Global Positioning System，全地球測位システム）など〕，消費者の需要の変化（小売店におけるグルテンフリー対応の進化に関するデータなど）である．

家畜管理では，家畜の生育を継続的に監視する必要がある．それは農作物の生産と比べて．手作業で行われることが多いプロセスである．養鶏事業などには，排出物の処理のため，部分的に外部に開放された長い平屋建ての建物があり，温室効果ガスや他の浮遊汚染物質の放出は管理されていない．死んだ家畜は手作業で処分され，家畜用の飲み水は，空気や家畜自身から汚染される可能性がある．ブタとシチメンチョウは同じ施設で飼育されており，その飼育プロセスは手作業である.

畜産は農作物生産と比べ，最新技術の採用は最小限にとどまっている．以下に説明するように，自動化されたソリューションは存在するが，この業界は変革に対して積極的ではなく，変化に対する抵抗が強い．農業界の誰もが現状に満足しており，ある生産者はお金もうけに，また，ある生産者は利益に満足し，そして，消費者の需要には変化はないと考えている．しかし，後者（消費者の需要に変化がないこと）については，米国政府の規制によって変化がみられるとともに，米国政府に限らず，他国の政府やNGO（Non-Governmental Organizations，非政府組織; 国際連合など）からの規制に対しては，農業界による制御が困難でもある[1), 2)]．畜産物の代替品は新製品として開発されており，新製品にはダイズおよびセイタン（小麦グルテン）をもとに合成された牛肉・鶏肉・豚肉の代用肉が含まれる．さらには，動物細胞の培養によって生産された牛肉（in vitro beef，試験管で培養された牛肉）が実証研究段階にあり，まもなく小売市場に出回るだろう[*1]．

6・3　農業のオートノマス化

将来の農業は，農家が最終製品をつくるためにサービスを調達するという，サービスベースのビジネスモデルになるだろう．オートノマスは，農業およびその下流にある最終製品のビジネスまで進出している．オートノマスに関する農業市場は，2020年までに8億1700万ドル（約890億円）から163億ドル（約1兆7800億円）に成長すると期待されている[*2]．農業分野における典型的なオートノマスは，自動運転の農機具，搾乳ロボット，そして，屋外の農場でも家畜管理のために屋内でも運用できるドローンである．つまり，食品サプライチェーンの新たなビジネスモデルを示す図6・4はレベル4に相当し，農作物の生産（農場準備，作付け，草刈り，害虫管理）をオートノマス化するために必要な要素としては，ドローンや自動運転の農機具などがある.

家族経営の農場と農家の数が減少し，企業経営の農場の数が増え，農場の生産性が向上するにつれて，自動化は徐々に進展した．コンピューターなどの最

---

*1 "World's first lab-grown burger is eaten in London", http://www.bbc.com/news/science-environment-23576143

*2 "Robot revolution――Global robot & autonomous system primer," BAML, 16 December 2015.

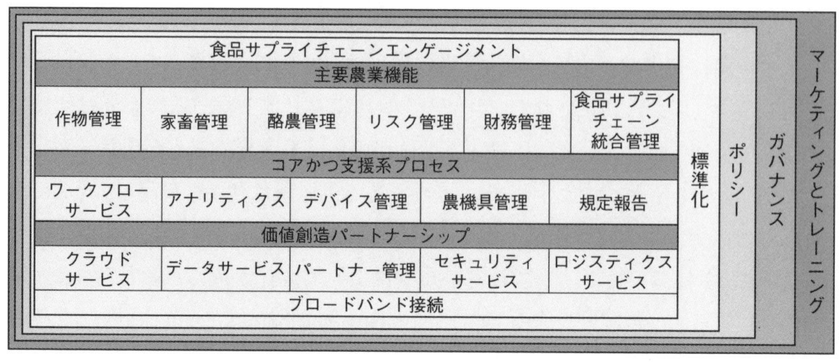

図6・4 食品サプライチェーンの新たなビジネスモデル

新技術の活用は，財務管理，農産物管理，大規模なサプライチェーンへの統合として現れた．自動化は，農場準備，農場開発，作付けなどの特定のプロセスに適用されている．顧客プロセス（穀物加工，販売など）を支援するインフラは，インフラを構成する機械やコンピューターの進化とともに，自動化する機能を強化している．

2000年頃まで農業の自動化はレベル2であった．急速な技術の進歩とGPSが普及して以降，ほとんどの農業プロセスは自動化に向けた開発がなされ，農産物管理，分析，機械管理，リスク管理，財務管理は，基本的なオートノマスの技術に基づいて機能を強化した．

新たなビジネスモデルには，図6・4に示した以外にも自動化されたプロセスを支援するために必要な以下の新たなコンポーネントがある．

1. SoE*：顧客（この場合オートノマス）を支援する必要がある．
2. ブロックチェーン：M2M（Machine to Machine）トランザクションが可能なさまざまな種類のブロックチェーンネットワークを支援するプロセスである．
3. クラウドファンディングサービス：農業関連の資金調達に関して，革新的な方法が急激に増えている．オートノマスが新たな資金調達方法に貢献できるようにする必要がある．

＊ 訳注：SoE（Systems of Engagement）とはつながりのシステム．つまり，顧客とのつながりを意識したシステムである．

前述のオートノマスはすべて，データを収集するセンサー（たとえば，トラクター用車載カメラなど），データの迅速な収集，処理，データの活用から構成されている．そして，オートノマスは，各コンポーネントにおいてデータを活用し，ミリ秒単位から年単位の時間尺度で意思決定を行う．完全にオートノマスな農業となるための鍵は，価値創造パートナーと顧客との統合である．価値創造パートナーのオートノマスな運用は，製造業と類似している．無人の自動運転トラックや列車に，肥料や種苗を積込み，輸送することは，現在の技術の範囲で実現できる．物資を適切な時期に適切な農場に届けるために必要なロジスティクスサービスが，今日の段階で存在しているのである．農業の顧客にとっては，製造業の既存技術や，まもなく導入される技術によって自動化できるという点では，すでに同様のオートノマスが存在しているといえる．たとえば，家畜をトラックから冷凍庫に移動させる仕事に使えそうな標準的なロボットが，すでに存在している．また，穀物を農場からミシシッピ川の荷船へ，さらに，メキシコ湾のコンテナ船へと自動的に運搬することも，すでに可能である．

農場を完全に自動化するための成功要因は，農作物管理，財務管理，デバイス管理，機械管理の各要素の統合にある．この統合には，新たなビジネスモデルのすべての領域を密接に結合させるためのワークフローサービスが必要である．しかし，現在，これは人間が担う範囲であり，農作物の意思決定に関わるオートノマスにその知識を組込むことは困難だろう．ここに，イノベーションと新たなビジネスに関する大きな価値と機会がある．

農業分野をレベル 4 に到達させるためのアプローチは，オートノマスをデータレベルで三つのコンポーネント（AI 1，AI 2，AI 3）に分割することである．AI 1 は，国内および世界市場に焦点を当て，作付けする穀物の種類とそれぞれの量を決定できる．AI 2 は農作物管理に焦点を当て，注文する種子の種類と肥料について AI 1 に通知できる．これにより，AI 1 は種子と肥料の業者に対して，価格と納期について交渉できる．AI 2 はまた，AI 2 が常に管理しているドローンが決定した気象条件と土壌条件に基づいて，必要な機械の種類と時期について AI 1 に通知する．これにより，AI 1 はどの機械や設備がいつ必要かを交渉できる．AI 3 は，食品サプライチェーンの他の部分との統合に重点を置く．こうして，農作物の最良の取扱い方を決定し始めることができる．これには，先物取引の価格設定と予測に基づいて，農作物の一部を倉庫に保存することも含まれる．また，これには農作物をトラック，鉄道，トローンを介して取引先（または他のAI）に輸送するためのロジスティクスサービスに関する交渉も含まれる．

6・4　家畜生産のオートノマス化

前述のように，自動化に抵抗している分野は，ニワトリ，シチメンチョウ，ブタなどの家畜の飼育である．企業が家畜の生産を自動化するインセンティブ（動機づけ）はあまりないようだが，実は価値がある．インセンティブは市場からではなく，NGOや政府からもたらされる可能性がある．NGOや政府は，家畜生産が①気候変動をもたらし，②赤身肉や加工肉製品は発がん性があるとみなしている．NGOや政府からもたらされる影響により，家畜生産が厳しく規制され，畜産製品がより高価になる可能性がある．

図6・5は特許取得済みの自動家畜施設である．この施設は家畜生産の自動化の有効性を実証している．この施設の特徴は，完全に自動化された閉鎖型飼育施設であり，既存の飼育施設よりも電力を60％以上削減し，温室効果ガスを

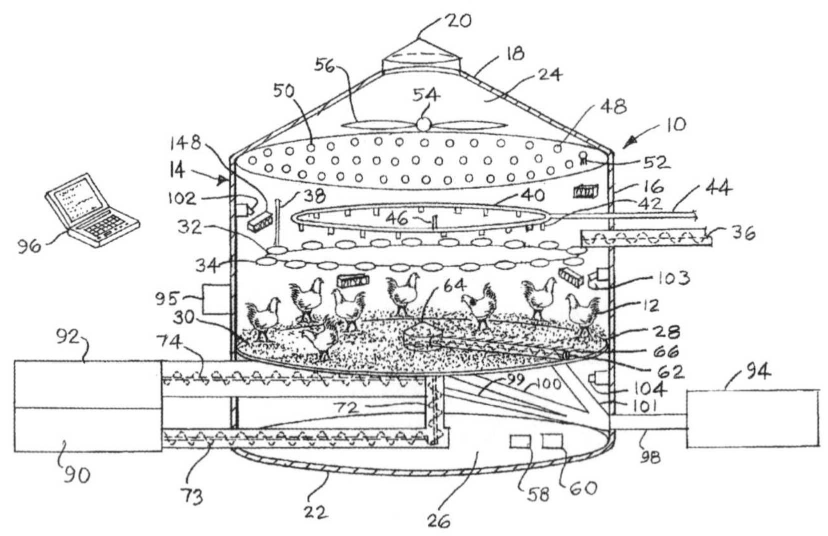

図6・5　どのような種類の家畜でも飼育できる新型の飼育施設[3)]

85 %削減しながら最適な飼育環境を提供し，給水施設や河川の汚染を防ぐ．気候や場所を問わず，一年中経済的に機能する．そして，ニワトリとウシのように身体の大きさが違う場合も含め，どのような種類の家畜でも一緒に飼育することができる．そのように多品種の家畜を飼育していても，飼育状態を一元的に把握できるため，畜産家は飼育する家畜の種類の選択や，育成計画の判断ができるようになる．より詳細な内容や参考資料は，当局が公開している特許情報ファイルに登録されている．

この施設の特許権者と非公式に話したところ，“特許出願時からこの飼育施設の設計は大幅に進化した”と言っていた．進化した飼育施設では，家畜の健康状態，サイズと重量，空気の状態，排泄物に関するデータを収集するセンサーを大量に使用し，完全にオートノマスな運営が行える段階にあるという．冷暖房システムは，生育過程の中で必要な最適温度を維持するために使用される．このシステムは，施設内で常に一定の換気と一定の温度を維持するように機能する HVAC（Heating Ventilation and Air Conditioning，暖房換気空調設備）とファンシステムで構成される．外部環境は施設内に何の影響も与えない．外壁は断熱構造であるため，施設内に外部環境が影響しないのである．したがって，施設はどんな気候や立地条件でも運用できる．

この施設には，自動クリーニング機能を備えたイオン発生装置を介して空気中の汚染物質を除去する特許取得済みの空気清浄機が設置されている．このシステムは，収容している家畜から発生する空気汚染を低減し，除去するように設計されている．そして，特許取得済みの自動クリーニング装置により，保守はほとんど必要ない．実地検証の結果，このシステムは劣悪な環境条件でも 35〜55 %の空気を浄化するうえ，汚染された空気を浄化するために必要な空気の量を減らすことで，運用コストと光熱費を削減できることがわかった．その結果，より健康な家畜を飼育でき，全体的な生産量を高め，公共の外部環境へより清潔な空気を排出できることが示された．

肥料管理プロセスは，寝床の敷料（しきりょう）からたい肥を絶えず取除き，新鮮な寝床と交換する．これは，クリーニング用のロボットアームを使用して実現される．クリーニングアームは，先端部分で汚染されたごみを拾い上げ，それを再処理施設に運ぶ．同時に，クリーニングアームは，新しい敷料をアームの背面から取出して敷く．ロボットアームは，ニワトリなどの家禽類を混乱させないように非常にゆっくりと動く．このプロセスは，死亡した家畜を，他の家畜から隔離し，安全に除去する場合にも利用できる．この浄化装置と肥料管理プロセスは，連携して温室効果ガスの排出を低減する．この施設は温室効果ガスの排出を75％以上，地下水と河川の水質汚染を75％以上削減すると推定されている．

LED（Light Emitting Diode，発光ダイオード）照明システムは，成長プロセス全体で必要とされる最適な光量レベルと色調を提供する．家畜の成長プロセスで照明の強度と波長を調整すると，家畜の成長にプラスの影響を与えることが，研究により示されている．LEDライトは，成長サイクル全体にわたって最適な照明の強度や波長に自動で調整される．LEDライトは，養鶏場で現在使用されている白熱灯より，90％も消費電力が少ない．

この施設は出荷する家畜を自動的に捕獲して，それらを安全に輸送用ケージに入れて食肉加工業者に輸送することさえもでき，農場労働者と家畜の双方に高いレベルの効率性と安全性が提供される．また，施設のすべての家畜を出荷しても，次に飼育する家畜をより迅速に準備し補充できる．さらに，家畜を自動化された食肉加工工場に輸送し，加工処理および製品として包装することもできる．特許権者と話したところ，“生まれたての家畜と食肉加工工場を直接統合するプロセスを設計することで，より完全な自動化が可能であることを実証した”と言っていた．この特許が示すことは，農作物生産を自動化できるのと同じように，家畜の生産が自動化できるということである．

6・5　食物の安全性と供給源

厳密なかたちで食料の供給源を知ることは，消費者/レストランが，調理および消費しているすべての食品の供給源を完全に知ることを意味する．一方，消費者には，自分で調理をしたり，レストランで食事をしている時点で，その食物が地理的にどこから来たのか，いつ収穫されたのか，どのような処理（たとえば，大量のドライアイスのような二酸化炭素を注入した冷凍保存）がされたのか，どのように出荷され，出荷の状態はどうだったのか，さらに購入前にお店やレストランにどのくらいの期間保管されていたかを知ることは困難である．

食物の供給源を知るための鍵は，**ブロックチェーン**である．ブロックチェーンを特定のアイテムに関連づけると，そのアイテムに対して発生したすべてのトランザクションがログに記録され，アイテムが消費されるまで存続することができる．

6・6 食品サプライチェーンのオートノマス化とその衝撃

この章では，どうすれば食品の生産は大幅に自動化されるかということと，レベル 4 の自動化を実現した最初のサプライチェーンの一つになるべきであるということを示している．レベル 4 の自動化が実現すれば，階層化されたオートノマスにより制御される機械が作業の大部分を行い，人間は，最小限の入力で大部分の意思決定を行うことになる．鍵となるのは，農家と，穀物商社/食肉加工工場や食品メーカーといった価値創造パートナーとの適切かつ強固な統合である．

ロジスティクスサービスはすでに高度に自動化されている[4)]．さらに，オートノマスのトラックが農場で自動的に荷積みし，配送先の穀物商社や食肉加工工場に到着後，自動的に積荷の揚げ降ろしをするようになるだろう．これらの加工業者/流通業者は，オートノマスのトラックに荷積みすることができ，そして，トラックの積荷の内容と集荷場所をトラックに指示することができる．トローン（5・4 節参照）がオートノマスのトラックの輸送よりコスト競争力をもつようになると，トローンが家畜や冷凍肉の輸送を支配し始める可能性がある．2020 年以降，現在のトラック輸送は，より安価なオートノマスのトラック輸送に移行すると予想される．食肉加工工場はより自動化され，このビジネスを伝統的な役務で支えている労働力が全体的に削減される．

オートノマスな輸送の長所は，生産者が商品の価格に，より積極的に働きかけられることにある．たとえば，農家は農産物をオートノマスのトラックに積み込み，トラックを東に走らせている間に，積荷を最高値で買取る業者を探し，特定できたら，その業者のところに進路を変更する．これにより，農家は，積荷に関するさまざまなリスクを回避するために，業者の値付けから得た市場情報を用いて，市場取引を優位に進めることができる．サプライチェーンのパートナーである食肉加工業者は，牛肉と生産地を宣伝し，オートノマスのトラックや小型配送用ドローンを介して消費者に直接届けることができる．この食品サプライチェーンの統合により，消費者は供給源が明確な製品を受取り，食品があまり加工されていない時点で受取っていることを確認できる．

レベル4で運営されるオートノマス化された農場（以下，オートノマス農場）は，20年以内に実現されるだろう．オートノマス農場のクリティカルマス*は何によってもたらされるのか．オートノマス農場は，2050年までに地球の96億人の人類のために70％もの食料を増産できるだろうか．オートノマス農場は開発途上国の役に立つだろうか．悪意ある者が仕掛けるセキュリティリスクや，実存するリスクからの影響を避けられるだろうか．

世界中の農場のAI1が相互的に連携すれば，何を生産するか，どこで生産するか，どれくらい生産するかについて，合理的な決定ができるだろう．AI1が何らかの方法で，利益目標を最大化しながら生産を調整すれば，効率が大幅に向上する．これは，出荷の数年前に意思決定が行われる家畜の飼育において特に当てはまる．オートノマス農場に関する重要な論点は，現在発生している膨大な量の食品廃棄物である．最新の推定では30％が廃棄されており，実在するリスクの管理とともに重要な問題である．たとえば，世界中の各農場の気候マップが参照できれば，意思決定のためにAI1，AI2，AI3が利用できる．各農場から提供されたデータにより中西部地域で干ばつの発生が確認された場合，農場のAI1は相互連携により，いつどこで植えられた作物を合理化の対象とするかという判断をする．AI1は，財務目標に基づいて，AI2に干ばつの到来を知らせ，そして，AI1がどの農場がどの作物を栽培するかを相互連携により交渉して決定する．AI2は，農産物の作付けを管理する際に干ばつを考慮するだろう．

消費者の需要から農業生産物への直接的な見通しを伝えることができれば，その見通しによって，地球規模でのオートノマス農場の運営の効率が向上する可能性がある．レストランは，特定の有機農場から農産物を購入することができ，ドローンや自動運転車による即日配達でその特権を享受できる．消費者も，特定の農産物を農場から購入し，農場から1日でドローン配達してもらうこと

＊　訳注：クリティカルマスとは，社会の多くの人たちが，ある製品・サービスを採用した結果，それ以降の採用速度が加速する普及率のレベルを示す．

ができる．小さな家族経営の農場は，地元の農家の市場に参加し，農産物を宣伝して，より広い地域に向けてドローンや自動運転車によって配達するため，食品流通業者と食料品店が取り残される可能性があるということである．20世紀の牛乳配達員が毎朝，牛乳を配達したように，ドローンや自動運転車は，新鮮な果物，野菜，肉，その他の食品を毎日または毎週提供できる．

前提条件は重要であるが，食品サプライチェーンの統合による新たなビジネスモデルの好機は多い．個々の農場運営や，価値創造パートナー，顧客に関する自動化が進行しているが，それらの統合を推進するのは誰だろうか．一つの成功例は，Cargillである．Cargillは，食品サプライチェーンのほとんどの場面に関与し，消費者に食料品を提供する[5)]．Cargillのビジネスモデルは，他のビジネスモデルよりも早く，完全にオートノマスな運用に転換できる例である．Cargillは，AI 1，AI 2，AI 3が管理するワークフロープロセスを提供することで，農場の運営を自動化し，穀物商社，食品加工業者，食品包装業者の活動を統合できる位置にいる．レストランや消費者の場合，Cargillは，Amazonのフルフィルメントサービス*を活用し，Cargillが生産する食品と生産地をAmazonで購入できる商品として掲示して，消費者がCargillの農産物を購入（ある池から1ダースのナマズを届ける注文とするなど）できるようにする．すると，Amazonはドローンで1ダースのナマズを購入した消費者に配達する．消費者は，Facebookで多数の“いいね！”をもらっている特定の池のナマズを先物買いすることもできる．

この仕組みにより，消費者や企業を代表するAIは，食品を簡単に売買できるようになる．その食品（農産物またはタンパク質）がどこで生産されたかという，明確に定義されたデータをもつ食品の供給源，用途が明確に定義されたレストラン，Amazonなどのようなフルフィルメントサービスが連携するFacebook型の機能を想定してほしい．AIは，トランザクションの各側面を考慮に入れ，投稿された評判を踏まえ，需要とこれに対する配送の実行について相互に連携することができる．そのようなプロセスには，食品の供給源の完全性，消費者の本人確認，取引の実行を保証するために，ブロックチェーンとスマートコントラ

＊　訳注：フルフィルメントサービスとは，インターネットを利用した通信販売などで，受注，梱包，配送，在庫管理，入金管理などのすべての業務を一括して代行するサービスである．

クト（5・3 節参照）の機能が必要である．

また，食品サプライチェーンにおいて人間の必要性が，時間とともに減少することも明白である．時間の経過とともにオートノマスの機能がより重要になり，人間の存在は徐々に消えるだろう．しかし，食品サプライチェーンの統合ポイントには人間が存在し続ける必要がある．

このサプライチェーンの統合ポイントでは，オートノマスが正しく動作しているか（オートノマスは本当にその目標を満たしているか，それとも見当違いなのか）を確認することと，金銭的または物理的な内容で人間が介入する必要がないか監視する．

食品サプライチェーンの自動化には，政府が食品サプライチェーンを全面的に統括する可能性が伴う．政府が，その選択をした場合，AI の目標と成果の定義をひき継ぐことになる．これまで多くの国々で，中央集権的な計画経済が試みられ，さまざまな結果に終わった．食品サプライチェーンの自動化は，政府や NGO が食料と家畜の生産の管理をできるようになり，一般的な市場に代わって目標を達成できるようにもなる．また，政府や NGO は，何を，いつ，どこで成長させるかを意思決定するデータとメタデータを定義できる．さらに，政府や NGO は，その要求が確実に満たされるようにするために，制御するか最終的にはワークフローサービスに直接介入することができる．実際，世界の食料供給は公的に規制された公共事業に変わるだろう．

新たな食品サプライチェーンのビジネスモデルのもう一つの課題は，セキュリティサービスである．ワークフローサービスのセキュリティは，どのレベルで実現すればよいだろうか．ブロックチェーンとスマートコントラクトの適用は必須だろう．しかしながら，過去の経験からすると，オートノマスの運用を停止させるようなハッカーの脅威を最小化するには，何年もかかる．ハッカーの明確な攻撃目標は，農場とロジスティクスサービスで使用されている無人かつ自動運転の機械だろう．ハッカーは，食品サプライチェーンにおいても，確実に激しい攻撃を仕掛けてくる敵対者に遭遇する．相違点は，ロジスティクスサービスの対象は人間が同乗しない貨物であるため，ハッカーが自動運転のトラックを川に突き落としても，トローンを湖に墜落させても人的損害が発生しないことである．

地球規模での食品サプライチェーンの自動化にとっては，その農場がどのような穀物，牛乳，野菜，家畜を生産しているかや，個々の農場の自動化の進展はそれほど重要ではない．世界は明らかに自動化の方向に動いており，10年以内にほとんどの農場が自動化されることは確実と考えてよいだろう．課題は，食品サプライチェーンの構成要素であるデータの統合である．そのデータとは，メタデータ，財務データを含むデータ，そして，製品の状態を記述するデータであり，食品サプライチェーンの他の部分を管理するために相互に連携（無料または有料）し，活用されるものである．この課題を解決するのは，誰なのか．Cargillのような企業だろうか．そのような関係者がいない場合，政府とNGOは容易にこの問題に介入して統括してしまうだろう．

参 考 文 献

1）V. Bouvard *et al.*, ‘Carcinogenicity of consumption of red and processed meat’, *Lancet Oncol*, 16 (16), 1599-1600 (2015).

2）R. Goodland, J. Anhang, ‘Livestock and climate change’, *World Watch Magazine*, Volume 22, No. 6 (November/December 2009).

3）L.L.C. Kairos, “Automated animal house”, U.S. Patent 6,810,832, issued November 2, 2004, used by permission.

4）A. Davies, A, ‘The world’s first self-driving semi-truck hits the road’, Wired (5 May 2015). http://www.wired.com/2015/05/worlds-first-self-driving-semi-truck-hits-road/

5）J. Bunge, ‘Cargill’s new place in the food chain’, *The Wall Street Journal* (7 April 2016).

7

ロジスティクス（物流）

7・1　はじめに

なぜ，モノは特定のサイズに決められているのか，不思議に思ったことはないだろうか．どうして，スペースシャトルの動力および打上げシステムである固体燃料補助ロケットは，14 フィートや 20 フィートではなく，12 フィート（約 3.6 m）なのだろうか．より多くの推進剤を格納し，推力を増すためには，幅が広い方がよいはずである．トレーラーの車高が 14 フィート（約 4.2 m）未満なのはなぜだろうか．車高が高いほど，トレーラーは多くの貨物を運ぶことができ，より儲けられるはずである．

Caterpillar は，なぜ，大型ブルドーザーを部品ごとに出荷し，工場ではなく，現場で組立てるのだろうか．

モノが特定のサイズであることについては，**ロジスティクス**[*1] 自体による制限はない．トレーラーの車高制限は，州間およびその他の高速道路の垂直方向の空間の高さによって決められている．トレーラーが，各州の高速道路にあるすべての高架下を通り抜けるためには，車高が 14 フィート（約 4.2 m）以下である必要がある．

鉄道で輸送される資材のサイズは，英国で最も古い鉄道を起源とし，全米で使用される鉄道のゲージ（軌間）のサイズ〔4〜8 フィート（約 1.2〜2.4 m)〕によって制限されている[*2]．このため，鉄道貨物の最大幅は 12 フィート（約 3.6 m)

---

*1　訳注: ロジスティクス（logistics）とは，原材料の調達から生産や販売するまでの物流と，これを管理するプロセスである．

*2　B. Baxter, "Stone Blocks and Iron Rails (Tramroads). Industrial Archaeology of the British Isles", Newton Abbot: David & Charles (1966). ローマ帝国で使われていた馬車が約 5 フィート幅の車跡から馬車をひいた 2 頭の馬の幅までの照準線が作成された．このゲージサイズは，蒸気機関車を使用した世界初の都市間鉄道を建設した英国の土木技師 George Stephenson の好みにも関係している．

未満と制限されており，鉄道で輸送される固体燃料補助ロケットの幅は，鉄道輸送で許容される幅とほぼ同等になっている．

このように，正当な理由に基づいて選択された基準は，製造や輸送において物理的なサイズや重量に制限を課している*1．

これらの制約を緩和することはできないだろうか．

もちろん緩和できるが，制約が残り続けることも強調しておく必要がある．多くの業界ではサプライチェーンの変化に応じて，ロジスティクスサービスは変化している*2．ロジスティクスの変革によって，新たな輸送方法が影響を与え，従来の輸送方法に変化をもたらす[1)]．

ロジスティクスサービスを提供する企業は，オートノマス化された，無人航空機と無人車両を初めて運用することになるだろう．

たとえば，自動操縦により無人運航するFedExのボーイング767が，メンフィスから離陸した後，ミシシッピの大農場で墜落した場合，どれほど大きな問題になるだろうか．

人間に被害はなく，航空機には保険が掛けられており，FedExは農場を復旧するために必要な補償金を支払うだろう．貨物は失われたが，貨物の大部分を複製し，新たな貨物を輸送できる．同じことが，後述するトローンやハイパーループなどの潜在的な可能性をもった新たな輸送手段にもあてはまる．

つまり，貨物を輸送するロジスティクスサービスは，オートノマスをより安全かつ簡単に商業利用する初期採用者であり，モルモットであるといえる．オートノマス化に向けた数百万時間におよぶテストが完了し，特定の安全基準に達したとき，人間による活用が保証される．オートノマスのロジスティクスシステムの実現に向けて，多くの劣悪かつ醜悪な運用状況をサンプルとし，これに対する対処法をみつけ出したとき，自動操縦による無人航空機による輸送は，現在の航空機の安全性に近いレベルの日常業務として扱われるようになるだろう．

人々はパイロットのいない飛行機に乗ることはないと考えているようだが，

---

*1 ボーイング747（ジャンボジェット）などの航空機を活用すれば，道路や鉄道では運べない物体を輸送することができるが，トラックや鉄道で輸送する資材と比較してまれであるためここでは議論しない．

*2 2016 commercial transportation trends, strategy&, PWC.com, https://www.pwc.lu/en/transport-logistics/docs/2016-commercial-transportation-trends.pdf

航空会社がニューヨークと北京間のビジネスクラス運賃を 99 ドルに設定したらどうなるだろうか．

航空会社の三大コストは，航空機，燃料，人件費である．そのうち，燃料と人件費の合計は 50 %を超える．資金を生み出すことができれば，航空機の獲得にも役立つ．燃料をヘッジ（変動リスクの回避）することもできるが，Delta 航空は一貫した管理が可能な燃料の供給体制を確保するため，自社で製油所を購入した．さらに，航空会社にとっては，約 25 %を占める人件費が課題となる*1．

人件費を 90 %削減できるとしたら，航空会社はどうなるだろうか．

人件費の削減は，航空会社にとって大きな価値提案となる．航空会社がロジスティクス企業を買収して合弁会社を設立し，できるだけ早くオートノマス化した航空機の運航を開始できるのであれば，十分な価値があるだろう．航空会社は利益率が増加すると同時に，より柔軟な価格設定ができるようになる．

また，オートノマス化したトラックへの期待も高まっている．将来の米国のトラック輸送業界では，2500 万台のトラックが稼働し，500 万人以上のトラック運転手がおり，約 120 万社の運送会社があるだろう[2)]．90 %の運送会社は，6 台前後のトラックを運用するようになる．理由は簡単である．自動運転により無人トラックの車隊を稼働し，人間のドライバーを削減することで利益を生み出すためである．

ただし，運用コストとは別の重要な視点として，安全性がある．米国政府は，トラック事故に対して，事故に伴う費用を年間 870 億ドルとし，11 万 6 千人が死亡または負傷すると見積もっている．自動運転トラックならば，これらの数値を大幅に削減することができるだろう．

自動運転トラックは貨物会社が自動操縦の航空機をテストするのと同様に，テストを通じて安全性を高めることができる．

たとえば，オーストラリアの Rio Tinto*2 の露天採掘場の事例がある．Rio

---

*1　この数値は，上場している航空会社のうち上位 10 社の SEC（Securities and Exchange Commission，米国証券取引委員会）への提出書類を分析した結果に基づいている．

*2　訳注：Rio Tinto は鉱業・資源事業を主業とする企業である．1995 年，英国の RTZ と，オーストラリアの CRA が二元上場会社を形成した．オーストラリア証券取引所には Rio Tinto Limited が上場し，ロンドン証券取引所には Rio Tinto plc が上場している．両社は同一の取締役会により単一の経済単位として経営されている．

Tinto は，現在，採掘された鉱物を鉱山の出口から輸送拠点に運び出すまでの約 500 万 km 分の道程にトラック運転手を展開している．この 500 万 km から生み出される情報や遠隔操作の能力は，今後，自動運転トラックの利活用においてマネタイズさせることができれば，Rio Tinto と Caterpillar が獲得したこの知識には，大変な価値があるといえる．

図 7・1 は，ロジスティクス企業が，複合配送を実現するために必要な現時点での一般的なビジネスモデルを示している．

SoE（System of Engagement, つながりのシステム）の層では，個人向けおよび企業向けのロジスティクス業務において，顧客とのやり取りを管理する．このやり取りは，伝統的な店舗業務や新しい技術によって行われる．

主要なロジスティクス業務に関する機能は，以下のとおりである．

1. スケジューリング：特定の業務を遂行するために，複数の時間枠にリソース（経営資源）を割りあてるプロセス．
2. 配達と検索：製品・サービスを配達するため，リソースを割りあてるプロセス．可用性，利便性，丁寧さ，安全性，正確性，確実性，スピード，信

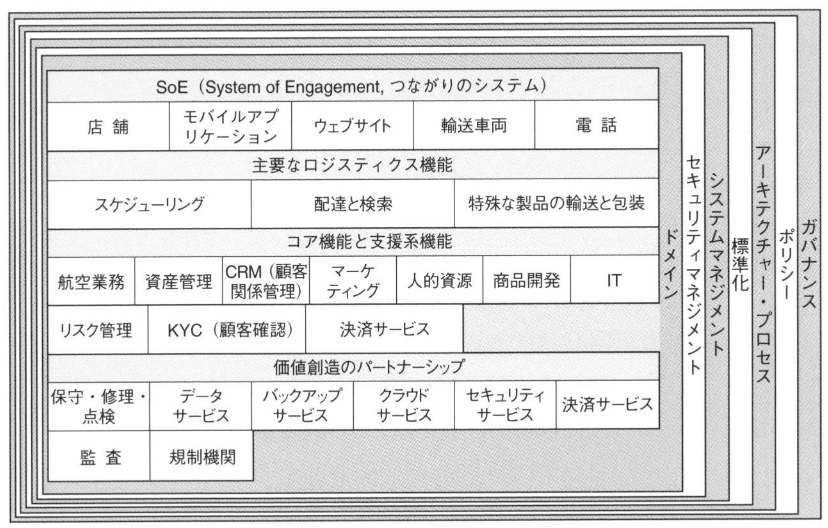

図 7・1 ロジスティクス企業の現在のビジネスモデル

頼性が含まれる.

3. 特殊な製品の輸送と包装：ロジスティクス企業は包装以上のサービスを提供する．ときには，動物や大型ディスプレイを包装する．こうした業務には，特殊な包装，値付け，品質管理が求められる.

コアプロセスと支援系プロセスは，以下のとおりである.

1. 航空業務：貨物航空機に特有の事情としては，FAA（Federal Aviation Administration，米国連邦航空局）規制の対象であるということである．そのため，ロジスティクス企業は，航空サービスを唯一の業務とする個別のビジネスユニットを設置する傾向がある.
2. 資産管理：有形資産および無形資産のライフサイクルを支えるプロセス.
3. CRM（Customer Relationship Management, 顧客関係管理）：問題解決，新規顧客獲得，顧客維持など，顧客関係管理を支援するためのプロセス.
4. マーケティング：ロジスティクス企業とその顧客（個人顧客，法人顧客）とのコミュニケーションを支援するためのプロセス.
5. HR（Human Resources, 人的資源）：ロジスティクスの人的資源管理，特に，方針と手続きについて支援するためのプロセス.
6. 商品開発：イノベーションの創出，新商品開発，商品の運用段階への移行を支援するプロセス.
7. IT（Information Technology）：技術戦略，設計・構築・テストなど，すべての段階でのIT運用を支援するプロセス.
8. リスク管理：有限あるいは永続的であり，明示的あるいは暗黙的なリスクを管理するプロセス.
9. KYC（Know Your Customer, 顧客確認）：特に最新かつ規範的なロジスティクスに関連する規制に関して，顧客の身元を確認するプロセス.
10. 決済サービス：銀行が送受信できる無数の決済方法（クレジットカード，デビットカード，PayPalなど）を支援するためのプロセス.

従来からの価値創造のパートナーシップについては，以下のとおりである.

1. MRO（Maintenance, Repair and Overhaul，保守・修理・点検）会社：ロジ

スティクス企業が使用する多様な輸送システムの保守，修理，点検のサービスを提供する企業.

2. データサービス会社: 各配信先のフォーマットに合わせた商品データ（市場データ）の提供や，文書保存サービスを提供する企業.
3. バックアップサービス会社: 高頻度かつ詳細なバックアップ（複製保存）および事業継続サービスを支援する企業.
4. クラウドサービス会社: パブリッククラウドサービス（広く一般のユーザーに提供されるクラウドサービス）とハイブリッドクラウドサービス（パブリッククラウドサービスのほか，専有クラウドサービスであるプライベートクラウドサービス，自社の IT 資産を組合わせたサービス）を提供する企業.
5. セキュリティサービス会社: 物理的なセキュリティ，ネットワークセキュリティの監視および侵入分析を提供する企業.
6. 決済サービス会社: クレジットカード，PayPal，SWIFT[*1]，その他の決済方法を提供する企業.
7. 監査会社: 外部監査対応や不正調査対応，業務を深く掘り下げて調査するサービスを提供する企業.
8. 規制機関: 銀行が日頃から取引している超国家的な機関を含む，多様な地域，州，連邦政府の規制機関.

7・2 トローンとハイパーループ

多くの人々は，ドローンについて，国境や戦場をパトロールするために活用される 4 枚の回転翼をもつ小型のクワッドコプターや大型のドローンを思い浮かべる．ドローンには無数の形状やサイズがあるが，有人航空機や重量物を運搬するヘリコプターほど大きく，機能的なドローンは存在していない.

最小のドローンは，一般的にウォレットドローン（wallet drone）とよばれ，ポケットに収まり，充電できる[*2]．軍は，小さな昆虫のように飛行する超小

*1 訳注: SWIFT (Society for Worldwide Interbank Financial Telecommunications, スイフト）とは，国際銀行間金融通信協会ともよばれ，銀行間の国際金融取引に利用するための安全なネットワークシステムなどを提供する非営利法人である（本部: ベルギー）．世界中の金融機関が，SWIFT で標準化された通信フォーマットを利用し，決済業務などを行う.

*2 AERIX DRONES, Aerix Wallet Drone——World's smallest quadcopter.

型のドローンに取組んでいる．また，魚のように泳ぎ，必要に応じて戦略的に重要な拠点に近い海底で待機させることができる水中用のドローンもある．

空中，地上，水中用のドローンは，有人の航空機，車両，潜水艦にとって代わる存在になりつつある[3)]．また，私たちは，無人の自動運転車や自動運転トラックの準備が進行中であることも知っている．

2016年時点において，小型クワッドコプター型のドローンは，最大積載量100ポンド（約45 kg）まで運ぶことができた．現在の進化のスピードが継続すれば，トラックや鉄道に取って代わり，貨物を目的地まで飛ばすことができるドローンが実現できるだろう．

15年以内に，大型トレーラーや鉄道と同等の積載量を運搬できるクワッドコプターが登場すると考えられる．トラックの最大積載量は5万ポンド（約23トン）であり，鉄道貨物は20万ポンド（約90トン）以上を運搬できる．トラックドローン（略してTrone，**トローン**）は，コスト競争力があり，付加価値のあるサービスを提供できるのであれば，既存のトラックや鉄道を置き換えることができるだろう．

トローンの重要なメリットとして，トローンで運搬される資材には，トラックや鉄道で運搬される資材のような制限がないことがある．ほぼすべての製品の工学的な設計は，高架の高さや列車のゲージ（軌間）の幅によって制限されている．道路や鉄道に関連するロジスティクスの制約が取除かれれば，企業は自由で制限のない製品設計が可能になり，従来の製品にも設計変更を組込み始めるようになるだろう．

トローンの使用に反対する議論としては，製造業がすでに設置している機械が，無制限のサイズへの移行を妨げるということである．工場には，サイズに制限のない製品を製造するための産業用機械が存在しないためである．しかし，この反対意見は，3Dプリンターが多用されることによって，あまり意味のないものになる．

トローンのもう一つのメリットは，大型トレーラーや鉄道とは異なり，既存の社会インフラを利用し，運用する必要がないことである．大型トレーラーには道路が必要であり，鉄道には線路とエンジンが必要である．米国には大型トレーラーが走れる道路がない地域もある．開発途上国には，ロジスティクスに最低限必要な社会インフラすら存在していない場合もある．また，社会インフラがあっても，大災害により，道路が通行不能になることや，橋が崩壊することもある．

トローンやAmazonが配送に活用するようなドローンが，米国の大部分を飛行するという事実は，動画，高画質の画像，ハイパースペクトル画像によって付加価値のある監視を行うことができることを示している．入手されたデータは，保険会社，政府機関，建設会社，小売業者をはじめとした多くの産業にとって価値がある．実際，トローンは，データを人間や他のオートノマスに販売するかどうかも，自ら決めることができる．

本章では，大災害時におけるトローンの活用方法について議論する．なお，第8章でも，保険業界でのオートノマスによる資産のリスク管理の方法や，大災害時におけるオートノマスの活用方法について取上げる．

ハリケーン，地震，竜巻，大嵐のような壊滅的な災害時に人々を支援するためのロジスティクスサービスには，大災害の被災地域に必要な物資を届け，災害によって生じたがれきを取除くために数日かかってしまうという問題がある．緊急救援部隊は，大災害の後，数日，数週間にわたり，生存者の捜索や，破壊された社会インフラを片づけ，修理しようとするが，これには大きな危険が伴う．

近年，発生した大災害から，オートノマスが救援部隊となるためのシステムの設計，試験に対して理論的根拠を得ることができる*．そこで，DARPA（US Defense Advanced Research Projects Agency, 米国国防高等研究計画局）は，“ロボット工学の進歩を加速し，人間が作業するには過酷すぎる環境でロボットが作業するために十分な器用さと頑健さをもつロボットが来る日を早め，それによって自然災害や人災の影響を抑えることができるようになる”ために，災害救助用のロボットの競技大会である“DARPAロボティクスチャレンジ”を立ち上げた．

この大会は，2011年に福島県で発生した原子力災害を教訓として始まった．災害後，ロボットが原子力発電所の内部に入り，修理を行うためには，まず，オートノマスによって災害の影響を受けた領域に修理ロボットを届けるシステムが必要であることが明らかになったためである．

2013年8月13日，Elon Musk が**ハイパーループ**（Hyperloop）について発

* DARPA Robotics Challenge (DRC), US Defense Advanced Research Projects Agency, 2015, http://www.theroboticschallenge.org/

表した*．ハイパーループのアイデアには，長年，開発が続けられていた歴史がある．近年の取組みでは，初期段階の健全性試験に合格するため，詳細な初期コンセプトを提供することに注力した開発者のグループが活躍している[4)]．開発者たちの功績としては，SpaceXがすべてのハイパーループの設計をオープンソースにした結果，多くの企業が主要技術を開発し始めたことである．

ハイパーループとは，外気よりも気圧を低下させ，部分的に真空にしたチューブである．貨物や人を運ぶポッドは，空気のクッションに乗り，航空機に近い速度でチューブ内を移動する．当初の見積もりによると，ロサンゼルスからサンフランシスコまでの移動時間は約35分になる．

ハイパーループは，概念的には，貨物と人を大量に運ぶことができるオートノマス化されたロジスティクスシステムである．貨物を港から主要な輸送拠点に運び，航空機，長距離トラック，鉄道に乗せることができる．Elon Muskの発表以来，多くの企業が，技術や統合システムを試験するため，短い距離のチューブで輸送路を構築し，アイデアを実証し始めている[5)]．この取組みは，主要なコンポーネントから試験を始め，ボトムアップで進められている．最初の統合システムに対する試験は，今後2年以内に行われることになっている．計画では，ストックホルムとヘルシンキを結ぶルートと，スロバキアのルートで試験が行われる予定である．

ハイパーループは，ロジスティクスサービスを高速かつ完全な自動化へと移行させる潜在的なオートノマスのロジスティクスシステムである．自動運転車，自動運転トラック，トローンがロジスティクスをよりオートノマス化させることは明らかである．航空機，鉄道，トラックは，貨物を港から大規模な輸送拠点に運び，その後，小規模な輸送拠点へと運ぶ．トラックやトローンは，はじめは短距離で，ある地点ではトローンを使った長距離輸送によって，貨物を拠点間で移送することができる．したがって，オートノマスの水準としては早急にレベル3になり，その後，他の業界よりも早くレベル4になるだろう．

ハイパーループの意図せぬ効果としては，“政府機関や非政府組織（Non-Governmental Organization，NGO）が，変化に対して，どのように対応するの

* HyperLoop, https://www.spacex.com/sites/spacex/files/hyperloop_alpha-20130812.pdf

か”というデータが集まることである．トローン，自動操縦の航空機，自動運転車や自動運転トラックに関する影響については，すでに言及した．ハイパーループは，人間からの置き換えにとどまらず，社会インフラに影響をもたらすという点で他の取組みとは異なる．

社会インフラへの影響とは，政治的な利益，NGOの収益，政治のプロセスを有利に活用している他の無数の利益に影響をもたらすことを意味している．これは非難の意を込めているわけではなく，単なる事実に関する見解である．良い，悪いと受取られているか否かには関係なく，現在の環境は比較的優れた輸送システムを生み出している．

しかし，変化を促すような環境だろうか．

これは場所に依存する．カリフォルニア州は，建設上の課題にとどまらず，変化や競争に敏感な多くの利害関係者を抱えている社会インフラプロジェクトである“カリフォルニア高速鉄道（California High-Speed Rail）”とよばれる従来型の鉄道システムの構築を推進している．すでに，ハイパーループに対しては，決して稼働しない，コストは見積もりの10倍から100倍かかるなどの声があがっている．基本的に，カリフォルニア州が想定している高速鉄道の方がよい選択であるという主張である．

カリフォルニア州の取組みの進捗自体は，ハイパーループの開発をとめてはいない．ただし，ハイパーループが運用段階に入れば，規制のハードルはかなり高くなるだろう．一方，カリフォルニア州と同様，高速鉄道システムをもっていないテキサス州は，ハイパーループの試作への取組みを歓迎している．ハイパーループの技術を証明し，次の段階へと進むため，すでに複数の企業が設立された．

公的資金を必要とせず，90％を民間資金で建設された最初の大型社会インフラのプロジェクトといえるか，という点もオートノマスのハイパーループシステムのようなプロジェクトを監視するための観点となる．州間の高速道路や他の公共交通システムのプロジェクトには，民間投資ファンドを利用した資金提供は行われていない．ハイパーループは，民間投資による社会インフラプロジェクトの可能性を示している．

実現できるだろうか．

もちろん，米国には富が集中しており，オンラインで資金調達することもできる．ハイパーループが意図した結果ではないが，ハイパーループの存在そのものが，“地方政府，州政府，連邦政府が，変化にどう対応するのか”というデータを提供してくれる．政府機関が社会インフラのプロジェクトに関する資金調達について管理を望む理由は数多くある．ハイパーループのコストが高額であっても，政府は大部分の資金提供を主張するかもしれない．政府機関は，資金提供により，社会インフラのプロジェクトを規制することができ，税収と政治プロセスの尊重に対するニーズを満たせるためである．

図７・２は，新たなオートノマスのロジスティクスシステムを示している．

重要なポイントは，ロジスティクスが，共通の要素とサービスを利用して多様

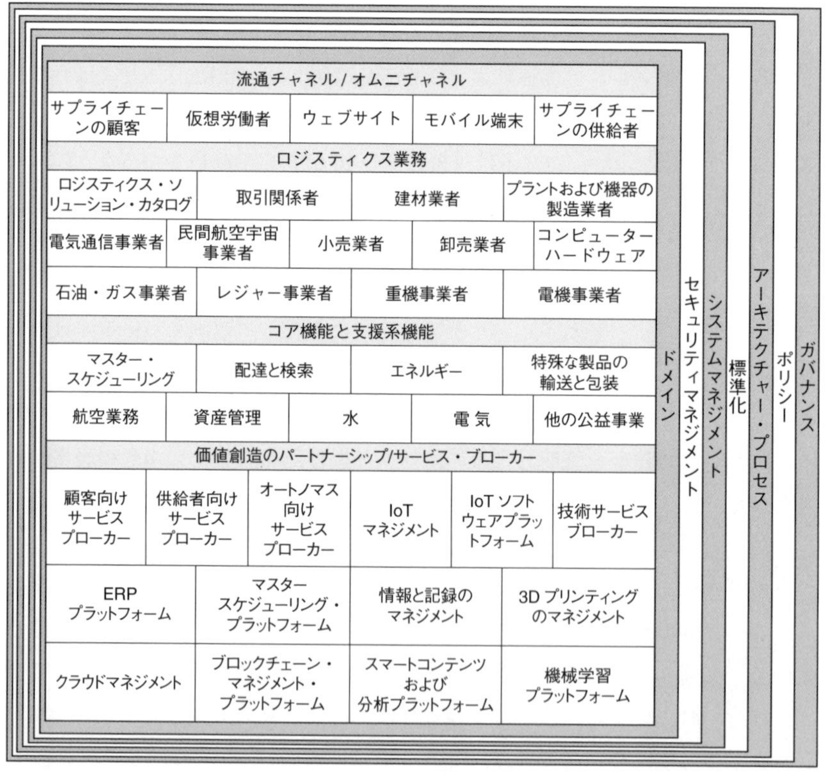

図７・２　オートノマス化したロジスティクス企業の新たなビジネスモデルとその領域

な業界のサプライチェーンを統合することである．ロジスティクス企業は，サプライチェーンのパートナーとのブロックチェーンを維持するための最良のエンティティ（実体）でもある．また，ロジスティクスは，すべての要素と地域全体を完全に可視化できる唯一のオートノマス化されたシステムになることができる．

航空業務の性質は，ドローンとトローンを含めることによって，かなり変化する．ただし，従来の人間による航空業務を管理する組織が，無人の航空業務も管理できるかどうかは不明である．軍は，正当な理由をつけて，有人と無人の航空業務を分離させた．MRO（保守，修理，点検）が有人と無人の航空機で異なるだけではなく，小型，中型，大型，ボーイング 747（ジャンボジェット）サイズのそれぞれの自動操縦による無人化に対応するための能力も求められることになる．

図 7・3 は，オートノマスのロジスティクスシステムが，複数の時間尺度（タ

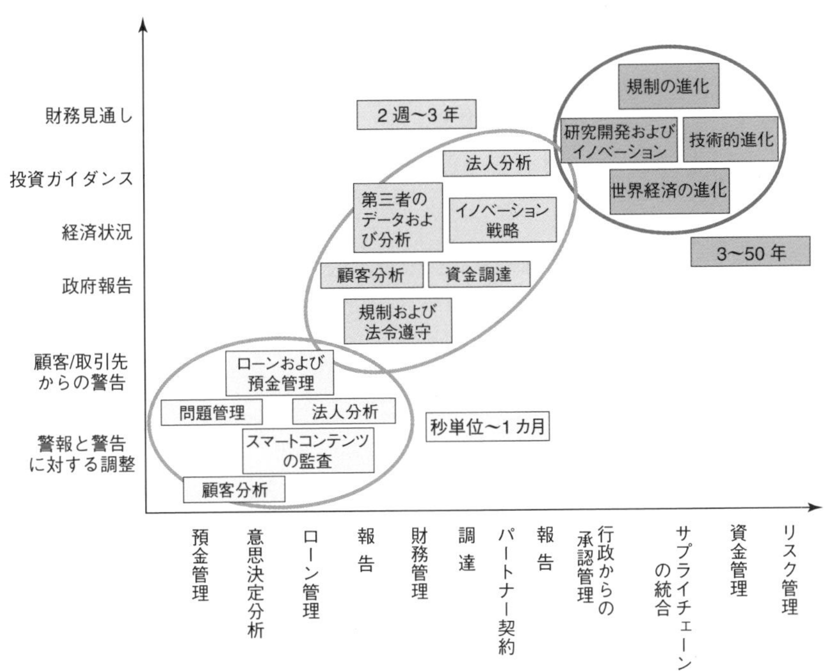

図 7・3 ロジスティクス企業をオートノマス化するために必要なデータ

イムスケール）におけるデータを融合し，効果的なオートノマス化を実現する方法を決める必要があることを示している．ロジスティクスにおける輸送計画およびスケジュールを決定するうえで，社会インフラのデータは重要な役割を果たす．ますます多くの気象および気候のデータが，サプライチェーンパートナーと出荷の要件に影響をもたらす．多様なオートノマスを支援し，サプライチェーンを統治するマスタースケジュールには，すべての時間尺度におけるデータが必要であろう．

7・3　ロジスティクスサービスのオートノマス化がもたらす影響

本書が紹介した数多くのビジネスモデルは，製品の配達やサプライチェーンを管理するソリューションを提供するうえでは，ロジスティクスサービスに依存している．そのサービスがレベル 3，レベル 4 に達すると，サプライチェーンの仕組みが変革され，多くの業界や，関連する無数の企業のビジネスモデルに変化をもたらす．重要なポイントは，オートノマス化されたロジスティクスサービスが，自然および人為的な制約に関係なく，任意の 2 点間で資材をオンデマンドによって輸送できることである．食品のサプライチェーン，製造，小売を支えるロジスティクスサービスは，より早くレベル 3，レベル 4 に到達する必要がある．

表 7・1　ロジスティクスサービスにおけるビッグデータ分析の機会

新たな機能	現状分析	管理見通し	戦略見通し
SoE（System of Engagement，つながりのシステム）	• 試験的なロボアドバイザー	• ロボアドバイザーを活用した試験的 M2M 処理	• ロジスティクスの機能の大部分のオートノマス化
ロボアドバイザー	• 既存プロバイダの活用 • モバイル端末への統合	• 顧客のパーソナライズ化 • 広さと深さの強化 • 豊かな顧客対応	• 製品の研究開発 • オンデマンドでの存在感 • 多様なオートノマスシステムとの豊富なやり取り
ブロックチェーンサービス	• 習熟すること	• 基本プロセスで使用するための試験的プロジェクトと内部の手動プロセスの自動化	• 資産と人間のオートノマスを活用した長期監視 • トランザクション管理

表7・1は，ロジスティクスサービスにおけるビッグデータ分析の機会を示している．

本章の最後に，ロジスティクスサービスのオートノマス化について論述したい．

有人の自動車やトラックが，自動運転により無人化されることについては，多くの議論がある．

オートノマスによってトラックや鉄道を無人化し，より効率的なロジスティクスサービスを提供するだけではなく，鉄道や高速道路がもたらす制約によって課せられていた工学的な設計の制約を取除く大型輸送ドローンの進化についても議論した．

人間はトローン技術を小型化することによって，空飛ぶ自動車を実現するのだろうか．

James Bond の映画“007 は二度死ぬ（You Only Live Twice）”に小型オートジャイロの“リトル・ネリー（Little Nellie）”が登場して以来，常に，1人乗りの空飛ぶ自動車や水中自動車はいつ実現できるのかと人々は心待ちにしている．

参 考 文 献

1) B. Morris, ‘E-Commerce boom roils trucking industry’, *The Wall Street Journal* (14 April 2016). http://www.wsj.com/articles/e-commerce-boom-roils-trucking-industry-1459442027

2) D. K. Berman, ‘Daddy, what was a truck driver?’, *The Wall Street Journal* (23 July 2013). http://www.wsj.com/articles/SB10001424127887324144304578624221804774116

3) A. Rutkin, ‘Autonomous truck cleared to drive on US roads for the first time’, *New Scientist* (8 May 2015). https://www.newscientist.com/article/dn27485-autonomous-truck-cleared-to-drive-on-us-roads-forthe-first-time/

4) E. Musk, ‘Hyperloop alpha’, *SpaceX* (12 August 2013). http://www.spacex.com/sites/spacex/files/hyperloop_alpha-20130812.pdf

5) G. Wells, ‘Hyperloop One accelerates toward future with high-speed test’, *The Wall Street Journal* (11 May 2016). http://www.wsj.com/articles/hyperloop-one-accelerates-towards-future-with-high-speed-test-1462960803

金融サービス

8・1 はじめに

銀行にとって，預金やローンに依存した伝統的な銀行業務モデルは，重要ではなくなりつつある．いまだに伝統的な銀行業務モデルに依存している銀行は，戦略を変更するか，撤退を迫られる．店舗のみで営業する銀行の消滅は，長年にわたり予測されたことであり，今後も起こるであろう．

しかし，銀行の生き残り策において，現在の店舗は，銀行のオンラインサービスのビジネスモデルほど重要ではない．金融サービスにおけるデジタル化とは，銀行業務と保険業務のほとんどのプロセスが自動化されることを意味する．各プロセスはデジタル化されるとともに，オートノマス化する．銀行は，個人や企業の顧客に従来とは異なる新たなサービスを提供する必要がある．

保険会社は，企業の顧客の重要性が増し，自動化されたプロセスを保証する保険商品を開発する必要性が生じるはずである．従来は個人顧客が中心であったが，自動化によって，個人顧客が保険に入る必要性がなくなり，結果として，企業に影響をもたらすことになる．

本書は，オートノマス化，すなわち，取引手順などを組込んだプログラムに従い，高速，高頻度で自動売買を繰返す取引である**高頻度取引**（High Frequency Trading, HFT）システムの説明から始めた．HFT によって，証券取引所の数は少なくとも 1 桁小さくなる．世界中では，毎日，約 6 兆ドルが取引されており，その大部分はコンピューターで行われている．

金融サービスは他の業界よりもはるかに自動化されているが，その事実はあまり認識されていない．一般的には，30 年前から住宅ローンのプロセスは変わっておらず，相変わらず，多くの文書に署名し，手付金を含む厳しい引き受け要件が必要であると思っている．

一方，利用者の多くは，請求書払いサービスの自動化によって，オンラインアプリケーションで多くの電子決済サービスを利用している．過去 10 年間で，手書きの小切手は半減し，残りの小切手の決済はオートノマス化された*．現金はいまだに主要な地位を占めているが，現金の使用には衰退の兆候がある．

利用者は，不況を繰返さないため，規制を強化した統治システムに注視している．この種の介入が自動化されるのか，手作業のプロセスが多く残るのかについては，審議に何年もかかるだろう．

決済業務は，金融システムがサポートし促進する重要なプロセスである．銀行やその他の金融機関は，金融取引において信頼できる第三者機関（Trusted Third Parties, TTP）として活動するとともに，取引の両側において取引が意図どおりに行われるように信用自体も提供する．この信頼できる第三者機関としての役割は，常に，政府を含む世界中の他のいかなる機関とも一線を画す銀行の一つの側面である．銀行が信頼できる第三者機関としての役割を失えば，社会における銀行の価値が低下し，銀行業務における店舗や人材への投資が意義を失うことになるだろう．

ブロックチェーンは，金融サービスの中でもオートノマス化の中でも，特に銀行から信頼できる第三者機関としての役割を排除してしまう技術である．銀行自体は，取引コストの最大化とともに，一晩でも長く帳簿上に資金を保有させようとする．取引のステップ数が多いほど，請求金額を増やすことができるため，その資金を別の目的で使うことができる．

ブロックチェーンが銀行に与える影響は多岐にわたる．

一つ目は，信頼できる第三者機関としての役割の必要性が失われるという影響である．ブロックチェーンは，現在および過去において取引の信頼を担保してくれる仕組みである．互いを知らない当事者同士が，取引があると認識した場所において取引に参加する．

二つ目は，財務リスクの管理に関する影響である．ブロックチェーンを使用すれば，金融システムにおいて，人間が介在するために発生する可能性のある多くのリスクを排除できる．ブロックチェーンを適切に活用すれば，取引相手

---

* The 2013 Federal Reserve Payments Study, https://frbservices.org/assets/news/research/2013-fed-res-paymt-study-detailed-rpt.pdf

の債務不履行，決済リスク，信頼できる第三者機関による債務不履行など，全体を覆う体系的リスクを解消できる．

この二つ目の影響については，当然の結論というわけではない．フィンテック（FinTech）分野においてブロックチェーンを活用するスタートアップ企業の多くは，伝統的な金融機関から資金提供を受けている．

ブロックチェーンは，これまで導入された新たな技術と同様に，伝統的な金融機関のリーダーシップと利益を維持するために活用される．今日よりはるかに多くの金融プロセスを自動化できるはずであるが，伝統的な金融機関は自動化を選択しなかった．ブロックチェーンでも同じ力が働くのではないだろうか．

8・2 人間同士のやり取りが消える

銀行の店舗が消えると，立地は重要ではなくなる．そして，重視すべき問題は，1）銀行の機能が多様な形態で現れる，2）社会全体にネット銀行が浸透する，ということになる．

電話で誰かと話したとき，あるいは，カスタマーサービスの窓口と話しているとき，人間と話しているかどうか，判別できるのだろうか．

Jill Watson は，ジョージア工科大学オンラインコースの大学院で助手を務めている．誰も彼女と会ったことはないが，彼女と対話した結果，前向きな人だという印象をもった．しかし，Jill Watson は，教育現場に適用された IBM Watson という AI 技術の新たな応用事例であった[1)]．この事例は，オートノマスが私たちの生活に入り込み始めたことを表している．

SoE（System of Engagement，つながりのシステム）：この層では，個人向けおよび企業向けの銀行業務において，顧客とのやり取りを管理する．このやり取りは，伝統的な銀行でも，最新の技術的な取組みにおいても，行われる．

おもな銀行業務に関する機能は，以下のとおりである．

1. 個人向け銀行サービス：銀行窓口の支援，現金管理，確定拠出型年金（401-K），個人退職年金，貸金庫，純資産がしきい値を超えないレベルにおける伝統的な金融サービス．

2. 法人向け銀行サービス：企業や非営利組織（non-profit organization, NPO）を支援するためのプロセスであり，借入枠，短期融資，クレジットカード処理，当座貸越管理，請求書の割引き，当座貸付，証書貸付に関する金融サービス．
3. 資産管理サービス：純資産が100万ドル超える富裕層の個人に対して，銀行から提供される資産運用の支援，投資，その他の金融サービス．
4. ローンサービス：自動車ローン，住宅ローン，多様な法人向けローンに関するサービス．
5. 財務サービス：買掛金，売掛金，流動性資産の管理および報告サービス，貿易金融に関するサービス．

コア・プロセスと支援系プロセスは，以下のとおりである．

1. 企業リスク：金融機関が多様な領域のリスクを管理するための枠組み．企業がリスクを管理するための取組みについても定義するプロセス[2)]．
2. 資産管理：有形資産および無形資産のライフサイクルを支えるプロセス．
3. 顧客関係管理（Customer Relationship Management, CRM）：問題解決，新規顧客獲得，顧客維持など，顧客関係管理を支援するためのプロセス．
4. マーケティング：金融機関とその顧客（個人顧客，法人顧客）とのコミュニケーションを支援するためのプロセス．
5. 人的資源（Human Resources, HR）：金融機関の人的資源管理，特に，方針と手続きについて支援するためのプロセス．
6. 商品開発：イノベーションの創出，新商品開発，商品の運用段階への移行を支援するプロセス．
7. IT（Information Technology）：技術戦略，設計・構築・テストなど，すべての段階でのIT運用を支援するプロセス．
8. リスク管理：有限あるいは永続的であり，明示的あるいは暗黙のリスクを管理するプロセス．
9. 顧客確認（Know Your Customer, KYC）：特に最新かつ規範的な銀行規制に関して，顧客の身元を確認するプロセス．
10. 決済サービス：銀行が送受信できる決済方法（クレジットカード，デビットカード，PayPalなど）を支援するためのプロセス．

11. 預金・ローン管理: 多様な支払いサービスから集められた預金や，多様なローン商品を支援するプロセス．

伝統的な価値創造のパートナーシップについては，以下のとおりである．

1. ローン処理会社: ローンの回収および処理サービスを提供する企業．
2. データサービス会社: 各配信先のフォーマットに合わせた商品データ（市場データ）の提供や，文書保存サービスを提供する企業．
3. バックアップサービス会社: 高頻度かつ大規模なバックアップおよび事業継続サービスを支援する企業．
4. クラウドサービス会社: パブリッククラウドサービスとハイブリッドクラウドサービスを提供する企業．
5. セキュリティサービス会社: 物理的なセキュリティ，ネットワークセキュリティの監視および侵入分析を提供する企業．
6. 決済サービス会社: クレジットカード，PayPal，SWIFT（p.125，脚注参照），その他の決済方法を提供する企業．
7. 監査会社: 外部監査対応や不正調査対応，業務を深く掘り下げて調査するサービスを提供する企業．
8. 規制機関: 銀行が日頃から取引している超国家的な機関を含む，多様な地域，州，連邦政府の規制機関．
9. 投資運用会社: 投資サービスを提供する企業（たとえば，法人顧客の年金管理など）．

多様な機能が詳細なレベルまで分割されているならば，この細かな機能の多くが手作業であることは明らかだろう．銀行の多様な業務プロセスにおいては，手作業のプロセスだけが普及しているわけではなく，プロセスの自動化もできるはずだが，あえて自動化していないことは確かである．

手作業のプロセスが残る理由は，以下のとおりである．

一つ目の理由は，銀行業務の監査と評価をその場しのぎかつ不規則に行う規制機関の存在である．銀行は，ローン処理の大部分を自動化できるが，規制機関は通常，ローン処理の問題をみつけようとするため，ローン処理がオートノマスの背後に隠れることを許さない．

銀行は，規制機関が注視するプロセスについては人間に管理させ，規制機関が指摘した問題にも人間に対処させ説明させる方が，都合がよいと考えている．オートノマスでは，規制機関から指摘された問題に的確に答え，規制機関を納得させることができない．

二つ目の理由は，過去数十年にわたり，各銀行が独自の意図に基づき，ビジネスプロセスに完全に合わせ込むことを目的としたITシステムを導入し続けたことである．こうしたシステムを銀行に売りつけたITベンダーにも責任はある．銀行は，継続処理の手間や問題を軽減し，このシステムを新規かつ完全なソリューションとみなしたかったのである．

問題はこれらのITソリューションが，ほぼ完成に至らないことである．大規模ITシステム開発プロジェクトの原動力は，完璧なITソリューションの完成に向けて，すべてのシステム開発フェーズを完了することである．しかし，すべての開発フェーズの完了は難しい．

たとえば，新たなITソリューションの導入には，三つのフェーズがあるとする．

どの導入フェーズにも，以下の七つの成功基準がある．

① リーダーシップによる支援とその支援の維持
② 段階的な導入
③ 強力なスコープ（範囲）管理
④ 効果的なプロジェクト管理
⑤ 実績のあるエンタープライズ・アーキテクチャ（企業構造を最適な姿に変革するための方法論）に基づくソリューションの導入
⑥ 効果的な変更管理
⑦ 初めて発生し，再現不能な問題に対する問題管理

プロジェクトは，プロジェクトマネージャーのもと，外部のITベンダーと行うキックオフミーティングによって開始され，容易に問題解決できる機能から導入される．通常，初めのいくつかのフェーズは成功するため，より多くの機能の追加を求めるようになる．

フェーズ1の最終的な成果物は，当初の想定を超える可能性があり，関係者は幸福感を得られるが，より多くの機能を求める金融機関は，フェーズ1のITソリューションを導入し運用するために努力してくれたITベンダーや関係スタッフから，より高いコストを要求されるだろう．

必然的に，フェーズ2では，プロジェクトを予算内で収めるために，プロジェクトの対象範囲が縮小される．時間の経過とともに，プロジェクトの中身が置き換えられ，当初想定していた完全なITソリューションではなくなり，まるで別のプロジェクトのようになってしまう．プロジェクトマネージャーのリーダーシップは徐々に弱まり，関係者は他のもっと面白そうなプロジェクトに移りたいと考えるようになる．フェーズ2でも当初の予定の一部を導入するために予算のほとんどを使い切ってしまう．そのため，フェーズ3は完了しないことになる．

失敗の影響を受けて，当初，自動化されるはずだったプロセス（例外報告など）が手作業で実行され続けることになり，実際には，作業負荷を増大させてしまう．もともと想定していた目標に対する相違点を自動的に解決するために例外報告を作成していたが，プロジェクトマネージャーがプロジェクトを先に進めるために，外部委託先だけに提供するようになってしまう．

不完全なITシステム導入は，数十年に数回の頻度でしか行われないため，企業の中に十分な記録が残っていない．銀行はこのような混乱を取除き，銀行に必要な機能を維持するために，すべての既存のシステムの機能を保証し，継続的に価値を提供してくれるような統合的なITシステムの導入は難しいと認識している．

金融サービスの自動化の次のステップは，ロボアドバイザーの利活用である[3)]．ロボアドバイザーは，人間からの最小限の情報によって，AIソフトウェアを組込んだウェブサイトから，投資家の多様な財務目標を満たす資産配分計画をつくり出す．

ロボアドバイザーはオートノマスとみなすことができる．情報はウェブサイトと人間とのやり取りや，市場情報，ニュースなどからもたらされ，ロボアドバイザーは自ら行動し，ポートフォリオを管理するために決定を下す．ロボアドバイザーの利活用は，1000万ドルの資産運用から始まり，約100億ドルにまで拡大した．

この分野のスタートアップ企業は，多くの人々から集めた新たな資金と既存の確定拠出型年金，個人退職年金などを，ロボアドバイザーに管理させている口座に移動させることによって，年率 400 %で資産を増加させたと主張している．

ロボアドバイザーの重要な価値提案には，一部の（人間による）資産管理アドバイザーが最低 100 万ドルを要求するのに対し，ロボアドバイザーは口座開設のために最小限必要な数千ドルしか要求しないということもある．

さらに，他の多くの金融サービス企業と同様，ロボアドバイザーは，クレジットカードや住宅ローン，その他のローンや資産をまとめて管理してくれ，ダッシュボードで一覧化してくれる．

金融サービスを提供する会社は，ロボアドバイザーによるこれまでの成功から失うものはない．しかし，業界の見解は，大変力強く始まったが，たいした結果が得られないのではないか，とも考えられている．その見解においては，人間同士のやり取りの欠如に疲れた結果，もとに戻ると信じられている．

また，ある資産管理会社との会話によると，企業側はロボアドバイザーを敵視しておらず，人々の資産を扱うための一つの試みであり，最終的には人間の関与が必要になるとも考えている．

資産管理会社としては，Charles Schwab の当初の置かれていた状況と，Morgan Stanley Dean Witter に吸収され，個人向けサービスのために純粋なオンラインサービスを提供する Discover brokerage Direct に期待されていた状況とよく似ている*．つまり，純粋なオンライン金融サービスを提供する企業は，投資アドバイザーにとって，100 万ドル以上を扱う顧客向けのサービスのほんの一部にすぎないということである．

＊ 訳注: Charles Schwab は，1971 年に創立された米国で最大の証券会社の一つである．Morgan Stanley Dean Witter は，2001 年に社名を変更し Morgan Stanley となった．同社も世界最大手の投資銀行および金融サービス会社である．また，Discover brokerage Direct は，純粋なオンライン金融サービスを提供する金融機関であり，1999 年に名前を Morgan Stanley Dean Witter Online へと変更した．

これまでの金融業界の取組みと，ロボアドバイザーとの違いは，資産管理会社に吸収されたとしても，合法的に財務アドバイザーに代わることができるという点であり，この分野において最初のオートノマスシステムであるということである．

初期の Charles Schwab のように純粋なオンライン金融サービスの提供者は，この能力をもっていなかった．ロボアドバイザーは，多くの機能を身に付け続けており，従来の財務アドバイザーよりも早くて良いサービスを顧客に提供できる．

その理由の一つは，ロボアドバイザーが，資産管理会社によってこれまで構築されてきた既存システムに配慮する必要がないことである．

従来の銀行業務モデルに，以下の変更を加えた資産管理のビジネスモデルの概要は以下のとおりである．

1. 販　売: 資産管理会社は何よりも富裕層向けサービスの販売に注力する．個人向けサービスでは，人間関係を重視した顧客セグメントに基づき，オンライン，ソーシャルメディア，テレビを活用したマーケティングによって推進される．
2. 取引基盤: 顧客が自らの投資ポートフォリオを管理するための先進的なアプリケーションである．
3. 清算および決済: このプロセスでは，取引の確約が得られたときから取引資産（たとえば証券）が引き渡されるまでの活動を支援する．

ここで認識すべき点は，このアーキテクチャは，1980 年代までさかのぼり，その部品とともに大量に蓄積されてきたということである．特に一部の資産管理会社では，顧客向けのサービスを提供し続けるために COBOL（Common Business-Oriented Language）プログラムで実行されるメインフレーム（大型汎用コンピューター）を稼働させ続けなければならなかった．これは，最新の CRM（顧客関係管理）や ERP（Enterprise Resources Planning, 企業資源計画）システムなどの新たな技術によって置き換える事例がないためである．

長年にわたり，資産管理会社は“ブローカー・ワークステーション”を改修するためにかなりの金額を費やした．過去 40 年間で，最新のアーキテクチャ

(UNIX上のX Window System*，クライアントサーバー，インターネット，分散インターネット，ファットクライアント，シンクライアント，モバイル端末など）を使い，新たなブローカーワークステーションが導入された．ブローカーワークステーションは，ブローカーと財務アドバイザーが，顧客のアカウントと市場データにアクセスできるようにするために構築されたものである．

これらのアーキテクチャの典型的な問題点は，古いシステムのアーキテクチャが削除されないことである．新たなアーキテクチャは，古いアーキテクチャに重ねて構築されるため，結果として資産管理会社は，アーキテクチャのレイヤ（層）について，まるで地質学のような記録を作成しなければならなかった．また，プロジェクトの開始にあたり，新しいプログラムに削除する意図があったとしても，古いレイヤを削除した事例はなかった．

入力側のアーキテクチャは，過去の数十年間で大きく変化した．中間層の一部は変更できるが，出力側での対応が難しく，高額な費用がかかるため変更できない．

出力側では，新たなリレーショナル・データベースが作動し，データの削除作業が行われる．資産管理会社は，多くの問題を抱えているにもかかわらず，最新で最高のシステムをもっていると主張する．しかし，真実はまったく異なる．

資産管理会社が強制的に使用させない限り，ロボアドバイザーは，これらのアーキテクチャを使用する必要はない．資産管理会社の中には，財務アドバイザーが顧客とやり取りするために，ロボアドバイザーをSoE（つながりのシステム）のレイヤの一部とすることもあるだろう．資産管理会社は，誰に対しても，財務アドバイザーと顧客の間に入ることを許さない．この関係性は，資産管理にとってきわめて神聖なものである．ロボアドバイザーは，大規模なCRMシステムを必要とせず，独自のERPシステムを活用することで，資産管理会社において，清算や決済などのサービス機能を提供できる．

銀行業務と資産管理の将来はどうなるだろうか．

図8・1において，経済的な混乱をまねくことのない，銀行における新たな

＊ 訳注：X Window System（エックスウィンドウシステム）とは，ビットマップディスプレイ上でウィンドウシステムを提供する表示プロトコルのことである．

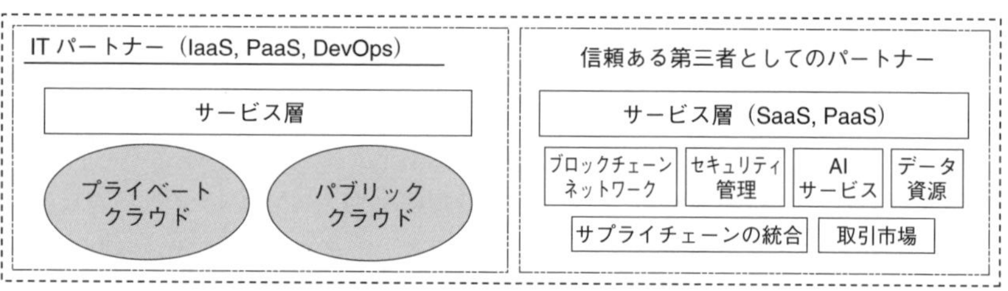

図 8・1　銀行の新たなビジネスモデルにおいて自動化が必要な分野*

ビジネスモデルを提示する．また，図 8・2 では，銀行をオートノマス化するために必要なデータを，時間尺度（タイムスケール）とともに示す．

図 8・1 に追加すべき新たな機能についても以下に詳述する．

1. SoE（つながりのシステム）：顧客がオートノマスであっても，支援する必要がある．

＊　訳注：IaaS (Infrastructure as a Service, イアース/アイアース), PaaS (Platform as a Service, パース), SaaS (Software as a Service, サース）は，ネットワークを介して IT の機能を提供するクラウドサービスを示す．IaaS は IT のハードウェアやインフラ領域，PaaS はシステム開発領域，SaaS はサービス領域を対象とする．DevOps（デブオプス）とは，開発（Development）と運用（Operations）を組合わせた混成語であり，開発担当者と運用担当者が連携して協力する開発手法を示す．

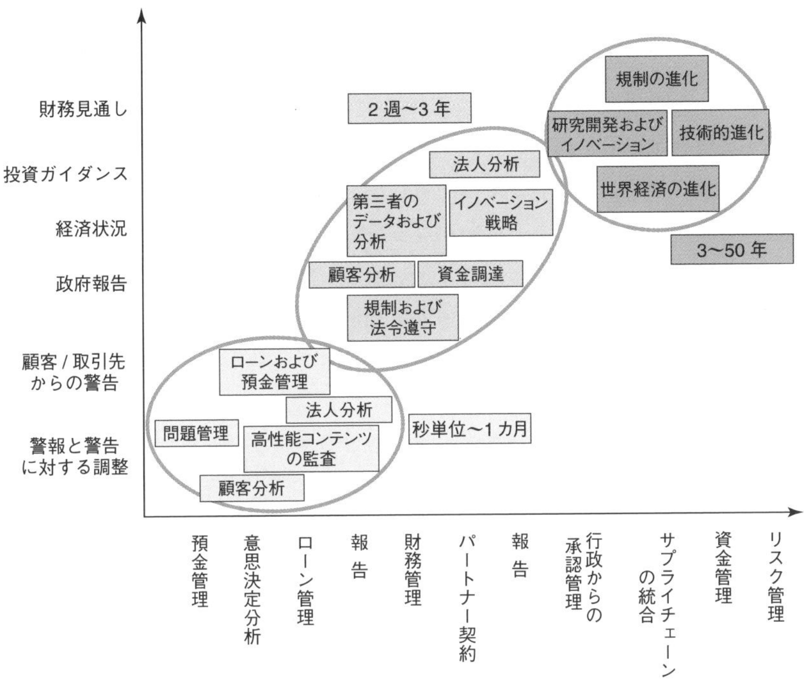

図 8・2 銀行をオートノマス化するために必要なデータ

2. ロボアドバイザー：あらゆるシステムに提供されるようになるため，ロボアドバイザーの性能は，将来の銀行および資産管理会社の成功を左右する．ロボアドバイザーは他のビジネスモデルと融合できなければならない．
3. KYC（顧客確認）：顧客がオートノマスであっても，ブロックチェーンを活用して，顧客の身元を確認する必要がある．
4. ブロックチェーン：M2M（Machine to Machine）の処理を可能にする多様なブロックチェーンのネットワークを支援するプロセスが必要である．
5. クラウドファンディングサービス：個人向けおよび企業向けの融資，住宅ローン，与信枠内での資金調達において，革新的な方法で支援するサービスが登場することによって，銀行および資産管理会社とは差別化できるようになる．オートノマスがこの新たなモデルの実現に貢献する．

この新たなビジネスモデルにおける留意点は，従来のビジネスと比較してあまり変わらないことである．これは，施行されている規制の枠組みが，銀行の運営方法，金融機関のできること，できないことを規範として定めているためである．新技術が採用され，それが革新的であっても，現在の法律は変わらない．

重要なポイントは，銀行が望み，自動化を選択すれば，銀行の活動をより自動化できるということである．いかなる事例においても，変更が正当化されないという主張は強力であり，通常は正しいものである．ただし，金融分野におけるスタートアップ企業が，特定の課題を解決する価値創造パートナーとして活用できるのであれば，既存の多くのプロセスを自動化することから始めることができる．

スタートアップ企業は，できる限り最小限の重要な機能やコアおよび支援機能から始め，複数の統合されたオートノマスによって実行できる．時間の経過とともに，スタートアップ企業は，価値創造パートナーとして，組織内をオートノマス化する機能をもたらすだろう．

ここでの疑問点は，規制機関がこうしたレベルの自動化を許容できるのか，ということである．本書で扱った他の論点と同様に，① 自動化自体は官僚主義に基づく作業の負荷を減らすことはない，② オートノマス自体が監査および規制できる，ということであれば，回答は“許容できる”ということになる．この点については，以下においてさらに論じる．

つまり，規制機関は，オートノマスが出現することによって，より簡単により広く規制できると考えている．

8・3 保険とリスク対策の変更

保険事業に関するスタートアップ企業は，通常，二つの誤りを犯す．誤りとは，① 事業体として貸借対照表上にリスク対策のための資金（数十億円分）を維持しておく必要があることを忘れてしまう，② 事業に対して全米 50 州および米国連邦政府から典型的な規制モデルを課されてしまう，ということである．ある時点において，カリフォルニア州議会にもち込まれた保険関連法案の平均数は 1 日 1 件の頻度であった．これに対応するために必要な人材や報告機能が膨大になるため，どのようなスタートアップ企業にとっても，法外なコストがかかる．報告を外部委託することもできるが，あらゆる保険事業にとって困難かつ不可欠な要素である．

事業分析によって，リスクをきめ細かく定量化することができる．スタートアップ企業が混乱をまねく要因や，貸借対照表上の保険リスクを引き受けることは望まれないため，活動は制限されるだろう．そのため，リスクの引き受けは，常に大手保険会社の役割となる．仮想通貨によって変化がもたらされる可能性はあるが，規制の枠組みはリスク軽減を目的とした仮想通貨の使用を妨げることになるかもしれない．

図8・3は，保険会社において，プロセスをほぼ自動化した新たなビジネスモデルを示している．保険会社の自動化の多くは，プラットフォームを介して実行される．IoTは，自動車や家の中にアクセスし，状況を確認するとともに，デー

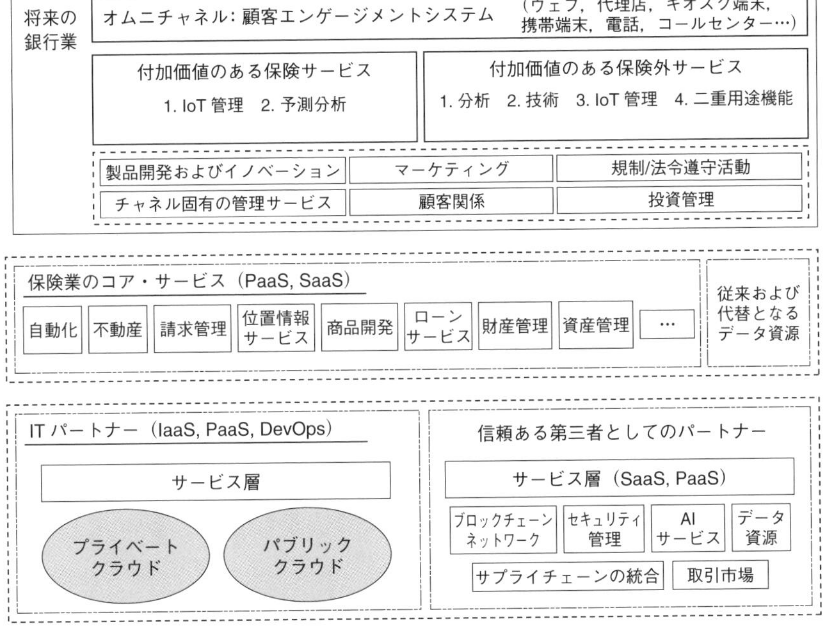

図8・3　保険事業の新たなビジネスモデルにおいて自動化が必要な分野

タをオートノマスに送り返すことができる．保険請求サービスは，すでに大部分が自動化されているが，近い将来には 80 %以上の自動化を達成できるだろう．

新たな保険商品を生み出しても，商品や政策が変更されるたびに，全米 50 州や米国連邦政府の承認を得る必要性が生じるため，自動化からあまり利益を得ることができない．ただし，そのためのワークフローは自動化できる．保険に関する多くの機能は，既存のプラットフォームおよび開発中のプラットフォームから利用できるようになる．

図 8・4 は，保険会社をオートノマス化するために必要なデータを，時間尺度とともに示している．不動産保険会社が抱える重要な問題は，保証対象の住宅や不動産に関する最新かつ実用的な情報をもっていないということである．

ある保険会社は，① 80 万ドルをこえる評価価値，② 少なくとも 20 年分の保険料の支払い実績，③ 一度も請求実績がない，という保険契約者を訪問する

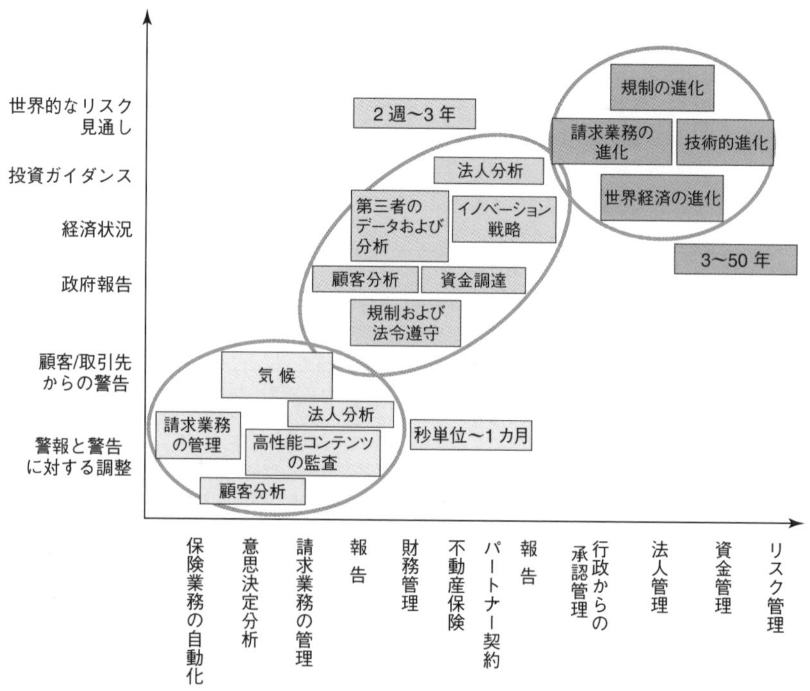

図 8・4　保険会社をオートノマス化するために必要なデータ

ために，全国に社員を派遣しなければならない．この保険会社は，保険で保証する対象についてよく知らないためである．

この問題に対する解決策がある．ドローンの活用である．この解決策によって，すべての保険物件の基準値を作成し，不動産に関連する属性を定量化できる．

不動産保険会社にとって最大の問題は，屋根とその属性である．屋根の属性とは，屋根のサイズ，形状，種類，経年，既存の損傷である．

つづいて，リスクにさらされた資産の属性である．たとえば，プール，バスケットボールのコートやゴール，家の近くにある木などがある．さらに，他の属性としては，家から最も近くにある川までの距離，犯罪統計，近隣での事故，最寄りの消火栓や消防署までの距離などがあり，保険業者にとっての三次リスクを示している．

ドローンとセンサーを活用すれば，近隣の上空を飛行することによって，すべての家の屋根や他の属性に関する情報を入手できるようになる．問題は政策と規制であり，保険に有用な属性の入手の可否は，規制環境に依存する．属性を収集できる能力のあるドローンはすでに存在しており，運用能力も十分にある．

この解決策においては，センサーが重要な役割を果たす．

小型のハイパースペクトルセンサー*を活用することによって，多くの不動産属性を１回の低空飛行によって特徴づけ，識別することができる．ハイパースペクトルカメラは，多くの異なる波長の画像を同時に撮影できるため，一つの立体画像によって，異なる波長をもつ何百もの画像をとらえることができる．広帯域フィルターでも特徴をとらえることはできるが，実際には，狭帯域フィルターであるハイパースペクトルセンサーの方が効果的である．

基準値は，近隣を飛び，近隣のすべての家に関するハイパースペクトルデータを収集することによって作成される．このデータを分析することによって，すべての不動産属性を測定し，一覧表示させることができる．

人工物は一定の反射率の特性をもっており，人工物と自然物ではピークの反

＊ 訳注：ハイパースペクトルセンサー（hyperspectral sensor）とは，多数の波長に対して波長の違いを識別する能力（分解能）によって対象物の反射光を撮影し，可視化するセンサーである．撮影機器はハイパースペクトルカメラとよばれる．

射率が異なることがわかっている[4), 5)]．ハイパースペクトルデータを活用すれば，屋根の上の木や葉をなどの自然物によって光を邪魔されることなく，屋根のサイズや高さを1インチ（約2.5 cm）未満の誤差という精度で測定できる．そのデータからは屋根に生じている問題も識別できる．屋根の経過年数が推定でき，雹（ひょう）による小さなへこみでさえも画像で明確にとらえることができる．

自然物からの反射光をとらえたハイパースペクトル画像は，対象となる不動産に存在する自然物の位置，種類，状態に関する情報を提供してくれる．人工物からの光の影響を受けることなく，それぞれの木や茂み，庭や他の物体の重心や範囲を地図上に正確に示すことができる．したがって，自律型ドローンは，近隣を調査することによって，それぞれの不動産資産の情報を定量化するとともに，その不動産の保証に関連するリスクを適切に評価できる．

保険会社は，顧客の行動に変化をもたらすために，IoTを活用している．基本的に保険会社は，自動車の運転や，家の所有，アパートの賃貸など，保険の対象となる活動に特定の変化を促すことで，顧客のリスク特性の改善を図っている．保険会社は，保険契約者のデータやオンラインの財務リスクなどによって，その他のリスクの保証方法についても検討している．

保険会社のビジネスモデルは，どのように変わるのだろうか．

銀行や資産管理会社と同様，保険会社の業務の多くは，保険会社の管理下にはない．保険会社が対象となる規制の枠組みは，銀行よりも厳格である．そのため，多くのコア・プロセスや支援プロセスは変更されることなく，いまだに存在している必要がある．

変更点としては，保険の販売や請求業務で活用されるブロックチェーンサービスの存在，価格設定力と経費率の削減を支援するための基準値や災害後の両方に関する優れた不動産データの追加と，クラウドファンディングサービスである．クラウドファンディングサービスについては，再保険分野を除き，保険会社がほとんど議論してこなかった分野であった．

クラウドファンディングサービスは，貸借対照表に関係なくリスクを分散させることができるため，保険会社にとって新たな成長分野になる可能性がある．これは，保険業界におけるスタートアップ企業についての議論とは異なる見方である．

大手の保険代理店は，（規制機関からの承認に要する時間を別として）自社で保険会社を設立するために必要となる裕福な顧客に関するデータベースの作成や，報告を含む規制遵守サービスおよび再保険サービスに大手保険会社を活用できる．これは，資産運用から高い収益を期待している顧客にも，収益を減らすことはできないがリスクと費用率を減らしたい保険会社にとっても，魅力がある．

このモデルでは，オートノマスが，資産の所有者に代わり，リスク対策をひき受けてくれる裕福な顧客になることもできる．オートノマスは，自らリスクのよし悪しを理解できる能力はあるが，人間にとって良い（または，悪い）リスクであると伝える必要はない．

誰にも所有されていない自動運転車が，自動運転の仕組みに投資するため，自らの資産を利用することもできるだろう．オートノマスが，短期間，危険性の高い地域を運転する他のオートノマスを保証するために利用するかもしれない．これはすべて，特定の領域での運用について学習した複数のブロックチェーンによって可能になる．

8・4 オートノマスが金融サービスにもたらす影響

金融サービスの世界では，すでに大部分が自動化されているが，さらなるオートノマス化によって大きな影響を受ける分野も残っている．HFT および機械的処理を行うシステムは，現在，利用されており，多様な金融領域でオートノマスの有効性を認めた顧客に対してサービスを提供している．私たちは，新技術の導入がもたらす影響については理解しているが，影響の深さおよび幅は，規範的な規制に基づく活動や，銀行自身によって抑制されている．

銀行や他の金融機関には多くの手作業が残っているが，取引手数料は重要な収入源であるため，早急に手作業をなくすという動機はない．取引手数料を最大化するため，取引数も常に最大化されるだろう．オートノマス化を含む新たな技術は，信頼できる第三者の役割が消滅および除外されないようにするため，変化を制御し，戦術面にも配慮しながら，ゆっくりと立ち上がるだろう．

銀行や資産管理会社が純粋なオンラインサービスをブロックチェーンでつなぐ機会を得ることにより，この分野において支配的な立場を獲得し始めている．

その資本要件は，投資家グループが運転資本と準備資本を提供できるようなものである．

ロボアドバイザーは，たとえ安全な預金サービスのために顧客が訪れるための店舗が必要であっても，顧客が入口から貸金庫まで歩く際には，端末から端末へと移動できるテレロボット，または，ロボアドバイザーによる支援というかたちで，顧客を完全に管理できる．

データの必要性はどうだろうか．

表8・1では，オートノマス化により金融機関に必要となるデータの種類を示している．

表8・1　金融サービスにおけるビッグデータの機会（金融，資産管理，保険）

新たな機能	現状分析	管理見通し	戦略見通し
SoE（System of Engagement, つながりのシステム）	• 団塊の世代の行動 • エンドユーザー端末の管理	• ミレニアル世代の行動 • 新たなエンドユーザー端末の管理（例: テレプレゼンスロボット）	• ポストミレニアル世代の行動
ロボアドバイザー	• 既存ベンダーの活用 • モバイル機器への統合	• 顧客ごとのパーソナライズ化 • 広さと深さをもった金融知識資産の充実 • 豊かな顧客対応	• 製品の研究開発 • オンデマンドの存在感 • 他のオートノマスとの豊富なやり取り
ブロックチェーンサービス	• 習熟すること	• 基本プロセスで使用するためのパイロット・プロジェクトと内部の手動プロセスの自動化	• 資産と人間のためのオートノマス化 • トランザクション管理
クラウドファンディングサービス	• 習熟すること	• 特定種類のローン（大学など）および保険商品に資金を供給するパイロットプログラム	• 代理人によって管理される少額保険のリスクプール • ポートフォリオ管理におけるプロセスの成熟

新たな機能の活用については，金融業界や規制機関に自動化への本質的な抵抗があり，特に欧州連合やその複数の規制機関のような超国家的機関からの攻撃が強まっているため，ゆっくりと取組む必要がある．SoE（つながりのシステム）においては，世代交代に対処する方法を学ぶ必要がある．

ミレニアル世代は，大規模な不況を経験したことが，資産運用の取組みに影響をもたらし，財力を誇示するようになった．ロボアドバイザーの活用は，特にミレニアル世代とポストミレニアル世代を中心に，利便性および顧客に提供する知識の深さと広さを要求することから，時間とともに増加する見込みである．これらの世代に，一部の団塊の世代を加えたグループは，多様な用途においてクラウドファンドの使用を増やしており，今後も増やし続けるだろう．

顧客がオートノマスであった場合には，金融機関はどのように対応するのだろうか．オートノマス自身が財力を蓄え，その財力を利他的かつ純粋な利益行動に活用するように学習する方法が考えられる．

金融機関は，オートノマスを顧客として扱うことが許されるのだろうか．

規制機関は，自身の誘因（組織の拡大および規制の強化）を満たすことなく，理解もできず，取扱いたくないものを管理するために何をするのだろうか．

参 考 文 献

1) M. Korn, ‘Imagine discovering that your teaching assistant really is a robot’, *The Wall Street Journal* (6 May 2016). http://www.wsj.com/articles/if-your-teacher-sounds-like-a-robot-you-might-be-on-to-something-1462546621

2) W. Russell, “Winning with Risk Management (Financial Engineering and Risk Management——Volume 2)”, 1st Ed., Singapore: World Scientific (2013).

3) A. Eule, ‘Robot advisors thrive’, *Barrons* (4 April 2016). http://www.barrons.com/articles/robo-advisors-thrive-1459570674

4) J. T. Woolley, “Reflectance and transmittance of light by leaves”, *Plant Physiol*, 47(5), 656-662 (1971). http://www.ncbi.nlm.nih.gov/pmc/articles/PMC396745/?page=4

5) D. S. Parker *et al.*, ‘Laboratory Testing of the Reflectance Properties of Roofing Materials, Cocoa: Florida Solar Energy Center (FSEC), FSEC-CR-670-00 (2000). http://www.fsec.ucf.edu/en/publications/html/FSEC-CR-670-00/

製　造　業

9・1　オートノマス化したサプライチェーン

製造業の**サプライチェーン**は，とても複雑だが自動化も進んでおり，一般的にあらゆるサプライチェーンの中で，最もうまく機能している．

ほぼ自動化を実現している製造業のサプライチェーンには二つの特徴がある．その特徴とは，① リーン生産方式*のためのプロセスの標準化，② 何十年も前から受け継がれる自働化の遺産である．製造業ならではの二つの特徴は，オートノマス化したサプライチェーンへと迅速な進化をもたらす．リーン生産方式は，より明確で再現性があるとともに，測定可能なプロセスであり，オートノマスを実現するための前提条件となる．また，自働化の遺産のお陰で，製造業は本書で登場する他の業界よりも，早く，簡単で，安価にオートノマス化を実現できる業界となった．

何十年も前から継続するプロセスには，どのプロセスをオートノマス化するかを決めかねる大きな優位性がある．図 9・1 では，製造業においてオートノマス化を実現させるために必要とされるデータについて，複数の時間尺度で示している．プロセスとデータの成熟度に応じて，今後 10 年以降，プロセスのオートノマス化が期待できる．

また，図 9・2 (p.156) には，オートノマス化した製造業の新たなビジネスモデルとその領域について示す．製造業のサプライチェーンのアーキテクチャ（基本設計概念）を通して明確にできることがある．

第一に，個別の製品レベルでは，企業内においてブロックチェーンを簡単に実装できるということである．サプライチェーンに関連するメンバーを，同じ

---

*　訳注: リーン生産方式とは，無駄のない生産方式．トヨタ生産方式を研究して編み出された方式．

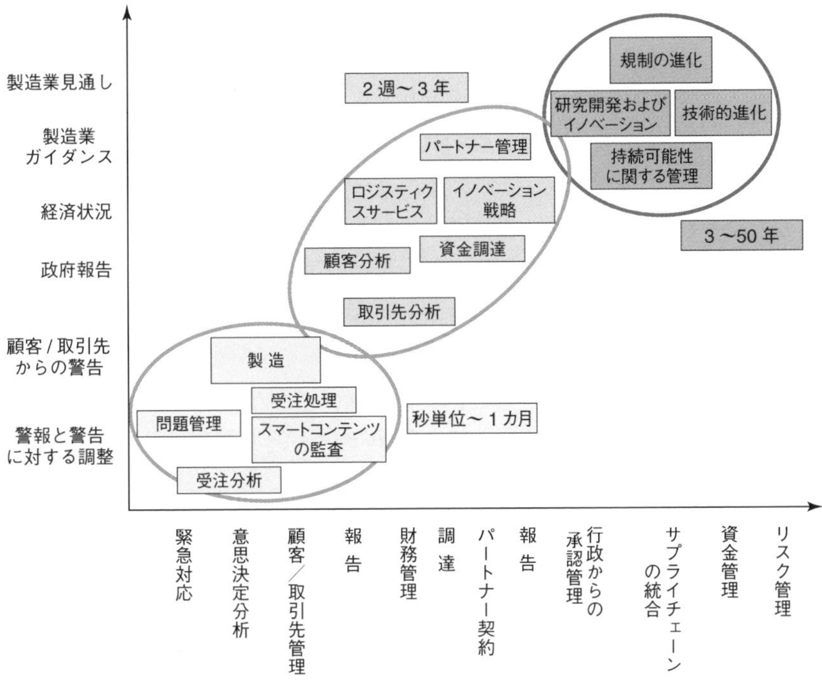

図9・1　製造業を自動化するために必要なデータ

ブロックチェーン上に配置できることには価値がある．ただし，ブロックチェーンは，取引を統治するために，多くのスマートコントラクト*を締結させる点が課題となる．サプライチェーン上における取引のでき高に影響をもたらすためである．

さらに，サプライチェーン上で，企業内にブロックチェーンを採用するためには，三つの重要な要件を満たす必要がある．その要件とは，① ブロックチェーン上での活動が，サプライチェーンのパートナーにのみ可視化されるようにすること，② 取引を許可するための管理体制を確立し統治すること，③ 業務の証明がなくてもブロックチェーン上で安全にマイニング（採掘）を行えるようにすることである．

＊　訳注：スマート契約ともいう．ブロックチェーン上で契約を自動的に実行する仕組み．5・3節参照．

第二に，機敏に適応するオートノマスは，サプライチェーンのパートナーを的確に調整できるということである．オートノマスは，サプライチェーン上において，プロセスの明確な定義とその実行を強制する．サプライチェーンの運用のために集められたデータが正しければ，AIコンポーネントの学習はサプライチェーンの運用にとって最適であるといえる．こうした前提条件は，短期的な混乱を収め，市場の変化に対応し，サプライチェーン上のパートナー連携を強固にすることになる．

最後に，ガレージで起業したばかりの人であっても，3Dプリンターを活用すれば，サプライチェーンの品質とコストを向上することができるということである．3Dプリンターによって，顧客は，数社だけでなく，数千社の業者から部材を手に入れられるようになる．多数のベンダーを管理しなければ，必要

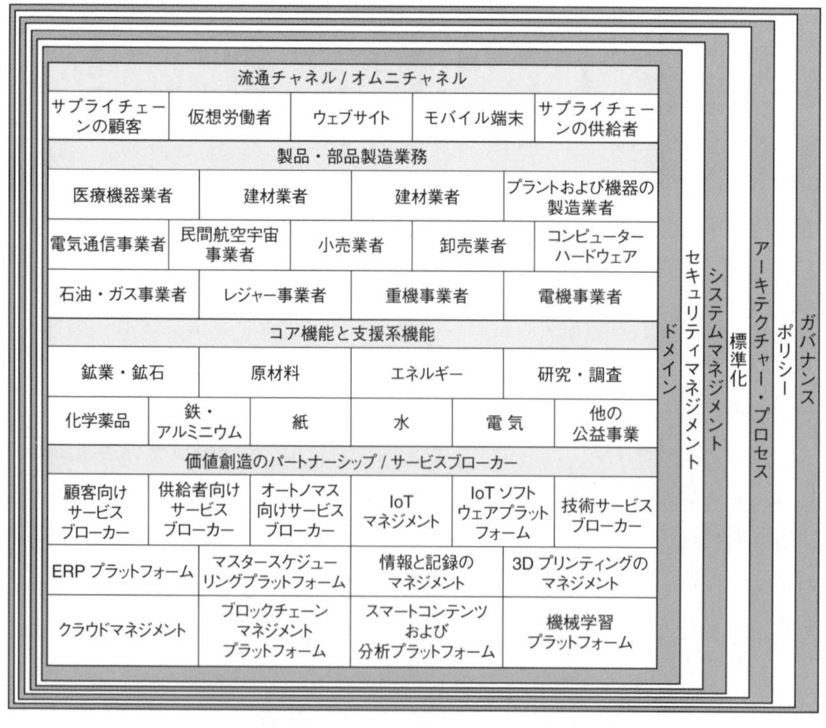

図9・2 オートノマス化した製造業の新たなビジネスモデルとその領域

な数の部品が確保できない．多数のベンダーの管理は，クラウド上で自動化され，各社の3Dプリンターが IoT によって可視化されることで簡素化される．印刷された部品は単なるデータとして扱われる．

プラットフォーマーが IoT プラットフォームを推進する理由は，製品を使用している企業から高品質なデータを収集するためである．こうした企業は過去数十年にわたり高品質なデータを生み出していたが，そのデータをプラットフォーマーは利用できていなかった．自動車は複雑になり，修理および保守のために製造業者やその代理店のみがデータにアクセスしていたが，この10年で変化した（最後にスパークプラグを変更したのはいつだろうか）．これまで企業はイノベーションや成長に必要なデータにアクセスできていなかったのである．

9・2 ロ ボ ッ ト

ロボットは，もともと製造業においてサプライチェーンの高度化のためにつくられた．

鉄鉱石や鉱物などの原材料を輸入する企業は，これらを圧延鋼材やその他の製品に変え，自動車部品，機械部品，航空機部品，建設資材などの完成品の製造に使用される．これらは，採掘，ロジスティクス，製造，流通に関連する一般的なプロセスにおいて遂行される．企業は，こうしたプロセスから人的要素を取除くことは，コスト削減以上に大きなメリットがあると認識している．自動化の議論においては，安全性が同様に重要であり，中断することなく一貫して製造される製品の品質がこれに続く．

製造業が，オートノマス化したサプライチェーンをさらに充実させようとしていることは明らかではあるが，このループには，人間が存在している．実際，自動化への変革において，プログラミング，データマイニング，分析などのデータサイエンティストのスキルを要する仕事が生み出されている．

自動運転車は好奇の目でみられているが，自動運転車が大量に展開された後にもたらされる影響については理解されていない．また，3Dプリンターをオートノマスと組合わせることによって，重大な影響がもたらされる．私たちの研究では，自動車業界のサプライチェーン全体に，一次解雇や著しく不利な課税基準が広がることで混乱をまねくことがわかっている．これは自動車の大半の需要が損なわれるためである．高価な修理も，誰でも3Dプリンターをガレージで使用できるようになれば削減される．

自動車は所有するのではなく，定額料金を支払い，人間や他のオートノマスがオンデマンドのアプリケーションを介して，自動車やトラックをよび出すことができるようになる．ただし，自動車業界のサプライチェーンの見通しは暗く，政府が事故などをきっかけに欠点が顕在化することを防ぐため，新技術の使用を控えると決定することもあるだろう．

9・3 鉱業のオートノマス化

鉱業は，鉱山から採掘後，港湾に輸送し，原材料として出荷するまでのプロセスがほとんどオートノマス化されているため，オートノマスを取入れた業務の代表例としてあげられる[1)]．鉱業は，国を問わず大変危険を伴う仕事であり，労働者の安全性を確保するために多大なるコストが費やされている．

鉱業にとって自動化は，取組む必要性が高く，また，実現可能である．そのため，大手企業は採掘作業と採掘後の原材料の港湾への輸送を自動化しようとしている．1919年以来，採掘用の機器を提供しているJoy Global [*1]は，地表全体の採掘および地下採掘活動を自動化できる製品を展開している．

Rio Tintoは，採掘現場の自動化を進めるために時間と資金を投資し，オーストラリアの露天掘り鉱山を自動化した．かつては，オーストラリアでの採掘のために，列車によって作業員や技術者を鉄鉱石とともに鉱山から長距離輸送していた．これに対して，Rio Tintoは，Mine of the Future™ [*2]プログラムを掲げ，“Rio Tintoは，完全に統合した自動採掘におけるグローバルリーダーになるため，次世代システムと技術を生み出している”と発表し，実行した．

また，Rio Tintoは，鉱山で採掘した原材料を輸送拠点に送るため，約500万kmにわたり，有人トラックを展開している．一方，オーストラリア全土に鉄鉱石を輸送するために無人列車も走らせている．オートノマス化された機関車は，西オーストラリアのピルバラ地域のリオ鉄鉱山とランバート岬，ダンピア港を

*1 訳注：Joy Globalは，2016年にコマツ（小松製作所）に買収された．

*2 Rio Tinto Mine of the Future™, Next-generation mining: People and technology working together, http://caswellgrade7actal.weebly.com/uploads/1/3/4/4/13442950/mine_of_the_future_brochure.pdf

結ぶ 1500 km の鉄道網で運行されている．

さらに，Rio Tinto は 2016 年 4 月，予定より遅延している貨物輸送鉄道の建設に 5 億 1800 万ドル（約 560 億円）を投資した．タイミングに関係なく，この取組みは生産プロセスをロジスティクスのプロセスと結合することで，サプライチェーンの核となる領域においてもオートノマス化を完成できることを示している．

鉱山での仕事が減少する中，業務のオートノマス化が，オートノマスの業務を管理する従業員を必要とするという事例を生み出している．こうした新たな業務には，大学で教えているような高度なアナリティクス（分析）スキルが求められる．Rio Tinto は，トラックや列車が適切に運用されていることを確認するため，ドローンの操縦士などの人材を採用している．

採掘業務のプロセスを改善するため，オートノマスが学習し続けることは事実であるが，この学習によって，最大 95 %以上の人間を採掘業務から排除するまでの期間は明らかになっていない．また，採掘業務などの重要なプロセスが，人間の介入なく 100 %，オートノマス化されることを示す証拠はない．

人間が関わる業務は緩やかに減少するが，近い将来，中核となる業務プロセスに対するオートノマスからの支援が成熟すると，むしろ，人間の介在を必要とする業務も登場する．しかし，従来の業務とは性質が異なるため，職務内容の変化に対して柔軟に対応できる人材を配置する必要があるだろう．この事例は，将来の仕事に対する洞察を与えてくれる．

9・4　港湾のオートノマス化

製造業のプロセスの次の段階は，原材料の輸出入である．

2014 年，米国の輸入額は 2.19 兆ドル（約 238 兆円）であった*．輸入品目には，コンピューター，放送機器，原油，自動車，トラック，航空機部品，衣類，医薬品，金・銀の他，国内に供給源のない 19 種類の鉱物がある．19 種類の鉱物の内訳は，ヒ素，アスベスト，ボーキサイト，セシウム，ホタル石，ガリウム，天然黒鉛，インジウム，マンガン，天然雲母板，ニオブ，工業用水晶，

* OEC, 'What does the United States import? (2014)' (2014), http://atlas.media.mit.edu/en/visualize/tree_map/hs92/import/usa/all/show/2014/

ルビジウム，スカンジウム，ストロンチウム，タンタル，タリウム，トリウム，バナジウムである*．この 2.19 兆ドル（約 238 兆円）分の商品は，西海岸および東海岸の港湾や，他の州の港湾に運ばれる．

米国で 2 番目に大きな港湾であるロングビーチ港は，2015 年には 720 万個のコンテナを扱っており，その半分以上は，原油，電子機器，プラスチック，家具，衣類などの輸入品であった．

サプライチェーンにおいて船荷の積み下ろし作業は，おもに手作業であり，① 組合による自動化への抵抗，② 港湾の自動化に要する多額の費用への抵抗，という二つの理由から自動化が遅れている．

製造業界は，東南アジアの船舶に積むコンテナを利用し，コンテナを開くことなく内陸部のアイオワ州デモインまで輸送できる複合一貫輸送体制を構築した．このプロセスでは，港湾自体が自動化され，コンテナを列車やトラックから貨物船に積み込み，ロボットが船からコンテナを取出し，列車やトラックに積み込んでから別の港湾に輸送することができる[2,3]．

自動化技術を導入すれば，港湾における生産性は 30 % 向上すると見積もられている．ロングビーチ港は 10 億ドル（約 1090 億円）以上をかけてターミナルの自動化を実現した．こうしたサービスは，米国の港湾に登場し始めた新たなスーパーコンテナ船をはじめ，港湾交通への普及が期待されている．

経済的には，港湾のオートノマス化に向けた変革が加速する一方で，自動化については，技術面よりも仕事が失われるという典型的な疑念が生じている．ただし，監督業務や，ロボットが確実に遂行しきれない貨物の積み下ろし業務には人間が必要となることを忘れてはならない．

これは米国だけの傾向ではない．たとえば，ロッテルダム港は，ほぼ完全なオートノマス化への変貌を遂げ，投資成果を実感している．次のステップとしては，トラックをオートノマス化し，輸送拠点においてコンテナを自動でトラック，トローン，列車へと受け渡しできるようにすることである．このプロセスについては，第 7 章（ロジスティクス）で詳しく議論する．

---

* AGI, 'Which mineral commodities used in the United States need to be imported?' (2016), https://www.americangeosciences.org/critical-issues/faq/which-mineral-commodities-used-united-states-need-be-imported

Rio Tinto による列車のオートノマス化の成功は，無人トラックや無人貨物列車が，米国に限らず，他の地域でも利活用できることを示している．オートノマス化された業務から，コスト，時間，役割などに関するデータが得られ，業務の完全なオートノマス化に活用できる．また，Rio Tinto の事例からは，職務内容の変化や，今後，数十年で生まれると考えられる新たな職種について洞察を得ることもできる．

9・5 工場のオートノマス化

工場での自動化の活用は，よく知られているだけでなく，加速し始めている．すでに，グローバルでは 1 万人の労働者当たり約 66 個のオートノマス〔ロボットなどのアクチュエーター（作動装置）を備えたオートノマス〕が存在している．日本には 1 万人の労働者当たり 1520 個のオートノマスが存在しており，大きな優位性を獲得することになるだろう．

現在，製造業の業務の約 10 %がオートノマス化されているが，10 年以内にこの割合が 45 %に拡大すると考えられる．1998 年，Boeing が年間 564 機の航空機を製造した際，1 機当たり 217 人の労働者を要した．ところが，2015 年，Boeing が年間 760 機の航空機を製造した際には，1 機当たり 109 人の労働者で済むようになり，製造に必要な労働者数が減少している．

産業用ロボットにおいて最大の生産国である中国は，数百万人の労働者を多様なオートノマスによって置き換え始めている．現在，中国，米国，日本，韓国，ドイツが産業用ロボットの製造において，世界市場の 70 %を占めている．また，日本は産業用ロボットにおいて世界最大の設置台数を誇っており，世界全体の 20 %を占めている．

iPhone を製造する台湾の鴻海科技集団（Foxconn Technology Group）は，従業員の最大 70 %をオートノマス化すると発表したが，その後，計画を修正し，5 年後に 30 %以上をオートノマス化するという計画に落ち着いた[4)]．総じて，オートノマス化のための投資額が，単純な業務を行う労働者のコストを 15 %削減できるのであれば，オートノマス化への取組みは効果があると考えられる[5)]．

文献を詳細に検索・分析することにより，現時点では 15 %の削減効果が適切であるように考えられるが，私たちの調査では，複雑な業務の場合には 20～25 %以上の削減効果を得られることが適切であるとわかった．この違いは，従来よりも複雑な業務をオートノマスに行わせるうえで，人間と同等，さらには，人間を超える業務の質を確保するためには相当な時間と投資額がかかると考えられるためである．また，複雑な業務を行っている人は，単純な業務を行っている人よりも高い報酬を得る傾向がある．

オートノマス化をした場合には，業務の能力は年 5 %向上すると予想されるため，10 年以内にオートノマスは少なくとも 65 %の能力の向上を果たすはずである．これは，技術の進化の傾向を考慮すると最低限の数値であり，今後，時間とともに加速すると考えられる．

別の研究成果では，欧州諸国がオートノマスの適用領域を拡大し始めていることを示している．今から 10 年以内に，これまで大規模な製造業では競争力のなかった国が，今日の中国や韓国，製造業に回帰している米国と同様の方法で，競争力のある製造能力をもつ可能性がある．製造業のオートノマス化に向けて投資している国としては，イタリア，フランス，チェコ，ポーランド，トルコなどがある．一方，スペイン，英国，ベルギー，オランダ，スウェーデンなどの欧州の残りの国では，オートノマス化に対する投資が減少している．

それでは，イタリア，フランス，チェコ，ポーランド，トルコが製造業の中心地になるのだろうか．

既存の労働法や組織はオートノマス化を遅らせたがっている．しかし，ドイツとフランスが多額の投資を行っているという事実は，コスト削減，工場の生産性向上，高品質の製品とサービスの提供を実行するために，労働者からオートノマスへと段階的な交代が起こることを的確に表している．

もう一つの注目すべき研究分野は，アフリカにおけるオートノマス化への取組みである．アフリカは，地域の政治環境が良好であれば，常に安価な労働力を提供できる．南アフリカにもオートノマス化した工場はあるが，他の地域に対する特段の存在感はない．アフリカの天然資源や，新たな技術を取入れることに熱心な国民性や，新たな技術の習得に意欲的で革新的な社会性を活かすことができれば，オートノマス化が成功すると考えられる．先進国とアフリカ政府機関の統治能力を測定し比較した年次報告書である“イブラヒムインデックス（the Ibrahim Index of African Governance）”によると，アフリカの発展の鍵は政府機関の統治能力であることがわかる．最新の報告書[*1]では，アフリカの政治統治能力の進展が行き詰っている状況が示されている．

腐敗や法の支配，社会インフラや衛生に至るまで多様な指標を考慮した報告書には，2011 年以降の平均値からみても，政府機関の統治能力は期待よりもはるかに低い改善しか示されていない．過去数年の報告書からは，多くの国が着実に改善したことがわかる．ところが，政府機関の統治能力が上位にリストされていた国ほど，悪化の傾向にあるのである．

最高位に位置づけられていた 10 カ国は，2011 年以降，政府機関の統治能力に関する五つのスコアが低下してしまった．悪化のおもな原因は，安全性と経済性に関するスコアの低下である．安全性と法の支配に関するスコアの低下は，南スーダン，リビア，中央アフリカ共和国での紛争によって生じている．モーリシャス，ボツワナ，タンザニアも緩やかではあるが，スコアが低下している．

製造業のサプライチェーンの自動化は，サプライチェーンの一端としてオートノマス化された工場が，鉱山や採掘の現場から他の工場まで，サプライチェーンの残りの部分と統合されれば完成する．工場のオートノマス化に投資した国は，他の国と比較し，製造コストの競争力が高まるはずである．また，上記で紹介した国々や，製造業のオートノマス化に投資をしていないオーストリア，ブラジル，ロシアは，相対的なコスト競争力が低下し，遅れを取り始めるはずである．オートノマスに投資していない国々は，港湾や輸送拠点のオートノマス化（オランダのロッテルダムを例外として）などの統合領域にも投資をしない傾向があるためである．

結果的に，これらの国々は，製造業のサプライチェーンの最終段階で必要とされる業務のオートノマス化が実現できておらず，凋落し始める危険性がある．アフリカは港湾のオートノマス化に必要なパナマックスクラス[*2]の船舶を扱うことができる港湾がほとんどないため，不利な状況に陥る危険性がある．

---

*1 Mo Ibrahim Foundation, IIAG Data Portal, http://mo.ibrahim.foundation/iiag/data-portal/
*2 訳注：パナマックスクラス（Panamax-class）とは，パナマ運河を通過できる船の最大の大きさをさす．

9・6 自動車販売店って何？

オートノマスと組合わせることで，3D プリント技術が大きな影響をもたらす領域がある．ここでは未来を描くだけでなく，未来の世界にもたらされる影響について想定し議論したい．

未来の姿を示そう．毎朝，目を覚ますと，私を職場に運ぶために家の前で自動車が待っている．私は自動車に乗り込むと，スマートフォンのアプリで自動車に今日の職場を伝え，再び眠りにつくだろう．自動車は，自動運転によって私を職場に運んでくれる．

仕事の後，私は同じアプリを使って，帰宅をリクエストする．すると，朝とは異なる自動車が現れ，私が指定する場所に寄りつつ，家に連れ帰ってくれる．

金曜日の午後，職場に私を迎えに来る自動車は，大きめのクラス（SUV，Sport Utility Vehicle）の自動車である．私は，いつもより早く帰宅し，家族は週末を湖畔で過ごすために自動車に荷物を詰込む．

週末，私たち家族は湖に向かい，ドライブの途中で寄りたいところに行って，数時間後には，湖畔の家にいる．日曜日の夜には帰宅し，荷をほどくと，SUV 車は去っていく．

私たちがアプリで朝食を注文しておけば，月曜日の朝，目を覚ますと，注文しておいた食事が入った箱が届けられる．1 時間後には，自動車が私を職場に運んでくれる．

妻の調子が悪く，子供を送り迎えできないときでも，2 台目の自動車が現れ，子供を学校に連れていく．3 台目の車が，妻を病院に運びながら，生体情報を測定し，記憶媒体（フラッシュドライブ）から医療のブロックチェーンに保管しておいてくれる．

私たち家族は，自動車を所有もリースもしていない．1 日当たり 2 台の自動車と，SUV 車 1 台の使用について，レンタル会社と 1 カ月当たり 149 ドルの契約を結んでいる．契約の際，自動車の色やその他の機能を指定することができ，希望しない車種を指定することもできる．政府によるオートノマスの監視のため，その月の二酸化炭素の排出量が許容値を超えた場合には，特定の車種の使用が不許可となり，すべての車種を電気自動車に変えることになるか，自動車を使用できなくなる．

表9・1 オンデマンド印刷自動車の影響に関する推定値

	現 在	近い将来	遠い未来
自動車販売台数（台）	7,740,912	5,750,000	1,000,000
自動車生産台数（台）	4,250,000	3,500,000	750,000
道路上の自動車・トラック数（台）	253,000,000	200,000,000	75,000,000
道路上の自動運転車（台）	10	1,000,000 以上	50,000,000
自動車のサプライチェーンにおける総労働者数（人）	866,000	500,000	50,000
米国の自動車販売店の総数（件）	17,838	16,000	5,000 以下

以上は，自動運転車の愛好家やスマートフォンのアプリケーション開発者の好むシナリオである．私たちは皆，ひき起こされる影響を考えず，こうした議論をすることを好む．重要な影響であるため，自動車販売店，自動車メーカーなど，自動車に関連するサプライチェーン全体に関して調査を行った．調査結果を表9・1に示す．

表9・1は，自動運転車が標準となると仮定した場合における自動車のサプライチェーンに関する推定値である．この世界では，自動車部品は，3D プリンターを購入できる資金力があれば誰でも印刷ができるようになり，人々は必要なときに必要なものを借りるようになるため，自動車を所有しなくなるだろう．

調査結果は以下のとおりである．表9・1を予測したモデルは，下記のシナリオに基づいている．

1. 自動車関連のサプライチェーンにおける従業員の大幅な減少．
2. 自動車販売台数の 85 %減少．
3. 自動車生産台数の 80〜85 %の減少．
4. 道路上の自動車およびトラックの 70 %減少〔第7章（ロジスティクス）における議論に基づき，トラックの減少も想定している〕
5. 自動運転車の大幅な増加．
6. 米国における自動車販売店の従業員の 70 %以上の減少．

このシナリオの目的は，社会の大多数が輸送手段としてオンデマンドモデルを使用した場合の影響を推定することである．将来を予測し，意思決定を始めるための取組みではない．このシナリオにおけるオートノマス化された交通システムの利活用は，重要であるというだけでなく，社会にすさまじい衝撃をもたらすだろう．

“ロボットがすべての人間を失業に追い込む”という論調にも対処しておきたい．自動車産業における自動車や優れた技能への愛着があれば，すべての人が仕事を辞めるということにはならない．自動車産業に関わる人たち自身が，新たな自動車メーカーになってしまう可能性も高いだろう．そこで，上記のシナリオを拡張することによって，表9・1が，結果として，大規模な失業を意味していないということを説明できる．つまり，多くの人々は，自分自身で職種転換できるということを意味している．

私を職場に運んでくれる自動車は誰が所有しているのだろうか．自動車メーカーか．自動車販売店か．レンタカー会社なのか．投資家グループか．誰も所有していないのか．あるいは，自動車自身が自動車を所有するのか（その場合，どのようにして自らを所有できるようになるのか）．

自動車はオートノマス化され，位置情報（例：空港にいる？），入札価格，収益の最大化（例：1日何回も利用し料金を支払ってくれる？）に基づき，サービスを提供すべき乗客を決定する．その際，以下の所有と維持管理のモデルが機能する．

1. 人々は，自動車販売店が印刷した自動車をリース，または，所有し，その自動車販売店に自動車を維持・管理させる．
2. 自動車販売店は，印刷して組立てた自動車を所有し，維持・管理する．自動車をオンデマンドのサービスとして提供する．
3. 投資家グループが自動車を所有し，オンデマンドのサービスモデルから収益を獲得し，自動車販売店に維持・管理させる．
4. レンタカー会社が投資家グループから自動車をリースし，自動車のオンデマンドサービスに付加価値サービスを追加して，乗客に提供する（航空会社と同じモデル）．
5. 政府および非政府組織（NGO）は，自動運転車の製造コストを負担するとともに，社会的利益のため自動車に自ら運用させる．その自動車は，乗客からの収入をもとに維持管理費を自動車販売店に支払う．

6. 自動車自身が所有する．自動車に関連することは自動車自身が，有限責任会社（LLC：Limited Liability Company）を設立し，銀行口座の開設，顧客の開拓，決済業務，燃料代と修理代の支払い，税金の支払いなど，すべてオンラインで対応する．そして，そのすべての収益を，税務当局や自治体が利用できる．

もはや“自動車販売店（dealership）”の定義を拡大する必要がある．自動車販売店とは，今までどおりの意味である場合もあれば，複数の 3D プリンターを保有し自動車を構築および維持管理し，以前の自動車製造のサプライチェーンでの労働者であった数名を示す場合もあるだろう．

9・7　製造業のオートノマス化の影響

表 9・2 は製造業全般におけるビッグデータ分析の機会について示している．製造業は完全にオートノマス化されたサプライチェーンを実現できるのか．“完全に”という意味は，サプライチェーンを運用する管理センターに人間がいる状態をさすのだろうか．

表 9・2　製造業におけるビッグデータ分析の機会（鉱山・港湾・工場・自動車）

新たな機能	現状分析	管理見通し	戦略見通し
SoE（System of Engagement, つながりのシステム）	• 試験的 M2M 処理	• 新たなエンドユーザー端末の管理（テレプレゼンスロボットなど） • ブロックチェーンを使用した M2M 処理の運用	• 大部分のオートノマス化
ロボアドバイザー	• 試験的支援と保守・修理・点検支援	• 顧客のためのパーソナライズ化 • 製造に関する知識資源の広さと深さの強化 • 顧客との豊富な対話	• 製品の研究開発 • オンデマンドでの存在感 • 他のオートノマスとの豊富な対話
ブロックチェーンサービス	• 習熟すること	• 基本プロセスで使用するための試験的プロジェクトと内部の手動プロセスの自動化	• 資産と人間のオートノマスを活用した長期監視 • トランザクション管理

自動化とロボットは，長年にわたり製造業にとって不可欠な存在だった．原材料の採掘や輸送などの分野においても，サプライチェーンの初めから終わりまで自動化する取組みを進めている．製造業のサプライチェーンは，すでにレベル4に到達し，すべてのプロセスでレベル4を実現した食品のサプライチェーンに迫るはずである．

サプライチェーンの自動化を実現する重要な要素としては，製品のトレーサビリティにブロックチェーンを活用し，ビットコインや他の仮想通貨によって補完し合うM2M（Machine to Machine）処理がある．3Dプリント技術は，オートノマス化により本質的に動的かつ任意の時間尺度（タイムスケール）において，多様な目的に応じて変化できる独自のサプライチェーンを定義できることから，製造業を完全に変革してしまうと考えられる．

参 考 文 献

1) K. Diss, 'Driverless trucks move all iron ore at Rio Tinto's Pilbara mines, in world first', *ABC News* (28 October 2015). http://www.abc.net.au/news/2015-0-18/rio-tinto-opens-worlds-first-automated-mine/6863814
2) E. E. Phillips, 'Supersize ships prompt more automation at ports', *The Wall Street Journal* (28 March 2016). http://www.wsj.com/articles/supersize-ships-prompt-more-automation-at-ports-1459202549
3) E. E. Phillips, 'Massive robots keep docks shipshape', *The Wall Street Journal* (27 March 2016). http://www.wsj.com/articles/massive-robots-keep-docks-shipshape-1459104327
4) M. Kan, 'Foxconn's CEO backpedals on robot takeover at factories', *IDG News Service in Computer World* (26 June 2015). http://www.computerworld.com/article/2941272/emerging-technology/foxconns-ceobackpedals-on-robot-takeover-at-factories.html
5) Boston Consulting Group, 'Takeoff in robotics will power the next productivity surge in manufacturing' (10 February 2015). http://www.bcg.com/d/press/10feb2015-robotics-power-productivity-surge-manufacturing-838

ヘルスケア

10・1 はじめに

ヘルスケアサービスこそ，自動化が必要とされる領域である．

医療に関する知識，つまり，医療の情報量が倍増するまでの時間は，2020 年には 73 日になる．1950 年時点では，医療の情報量が倍増するまでに 50 年を必要とした．その後，1980 年には 7 年になり，2010 年には 3.5 年となった．医師が一人前になるまでにかかるトレーニング（臨床研修）の最短期間は約 7 年*であるため，医学生は習得した知識を実際の医療問題に適用するまでに，医療情報量の倍増を何度も経験することになる．医療の情報量が倍増すれば，患者側の期待も高まる．

著者は，この 25 年の間に左膝の外科手術を 2 回受けた．1 回目は，1986 年，損傷した軟骨を除去する手術を受け，2 回目には，2014 年，人工膝関節に置換える手術を受けた．この二つの手術の経験が大きく異なっていたことから，ヘルスケアサービスのオートノマス化がもたらす影響について考えさせられる事例となった．

重要なポイントは，患者が入院してから退院するまでのプロセス（過程）の大きな違いである．この相違点こそが，過去 30 年間における医療領域の進化を表している．これは新技術や外科手術の領域だけではなく，病院運営におけるプロセスの実行，救命救急センターの設置，大学の研究センターと一般病院

* 訳注：米国ではメディカルスクール（medical school，医師の育成を目的とする大学院）在学中から医師免許を獲得するため，試験を段階的に受験する．これと並行して，一人前の医師となるために臨床研修を受ける．臨床研修は 3 段階に分かれている．まず，インターンシップ（internship）に 1 年を要する．その後，レジデンシー（residency）に 3～6 年，さらに，フェローシップ（fellowship）に 3～10 年を要する．つまり，臨床研修には最短で 7 年を要することになる．

との強力な連携，団塊世代の高齢化により劇的に増加する高齢者を受入れる施設の開発にも表れている．

前述した1回目の軟骨除去手術は一般病院で行われた．患者が入院する際のプロセスにおいては，複数の部署を渡り歩きながら，複数の関係者から何度も入院理由に関する説明を受けなければならなかった．このプロセスにおいて，本人確認は一度も行われないうえに，正確な手順の検証も行われることはなかった．

入院手続きから手術室までの患者の道のりは，特別なことはなく，部屋から部屋への移動や，病院のガウンに着替えてから乗り込むベッドへの移動程度であった．車輪のついたベッドの上では，点滴チューブを付けられたまま一時待機するために，患者は他の場所に運ばれる．

最後に（初めて会うが）看護師が現れ，手術について話してくれた．看護師は約10ポンド（約4.5 kg）もの重さがあろうかという書類の入ったクリップボードを持っているが，看護師からは，患者の本人確認や検証をされることはない．患者は，看護師から名前が記されたリストバンドを取付けられる．

患者は手術室に運ばれると，左膝の軟骨を除去することを望んでいるかどうかの意思を確認される．手術前には外科医に会うことを許されていなかったが，外科医から手術内容を確認できるまで，麻酔科医からの指示を拒否した．

退院する際のプロセスは少ないが，病院で退院するために車椅子で30分間待機するなど，退院手続きが完了するまで数時間を要した．

2014年に行った人工膝関節への置換手術の際のプロセスは，1回目の経験とは対照的であった．患者は手術に関する正確なプロセスが記載された小冊子と，そのすべてのプロセスを確認するチェックリスト，手術室内に入る人の名前，位置，手術に立ち会う理由とその時間について，事前に情報を受取ることができた．

患者は，指定された時間に，人工股関節や人工膝関節に置換える手術を受ける患者専用の施設の受付に到着する．施設では，事前に受取った冊子に記載されていたプロセスのとおりに，人工膝関節への置換手術のプロセスが実行されるとともに，患者と接したすべての人のリストバンド（最初に患者がリストバンドを装着する）を調べ，手術の手順とそれを誰が実行したか，が検証される．

最後に接した2人は，麻酔科医と外科医であった．手術室に入ると，両者が患者を迎えてくれた．

3日後，患者は誰が病室に入ってくるのか，何のために来るのか理由がわかっていた．理学療法士や，看護師，痛みに関するコーディネーター(大変役に立った！)，その他，回復プロセスを強化するために，伝統的ではないが必要な役割の人たちが含まれていた．たとえば，病室にワイヤレス通信や，ケーブルテレビ，PC などの環境を整えてくれたIT 担当者である．

新旧二つのプロセスはいずれも当時のベストプラクティス（最も効率のよい方法）を表しており，プロセスの改善が，技術的なブレイクスルー（革新的な解決策）や新たな外科的処置とともに表れたことは明白である．

また，同じ手術が週に何度も行われ，患者によるばらつきも少ない場合には，特定の手順に関する医療プロセスの標準化も行われた．病院は，製造業や小売業など，他の多くの業種から，共通の手順を標準化することがベストプラクティスであると学んだ．

患者側から関連技術を観察すれば，すべての作業に関連して駆動しているワークフロー（業務のやり取りの流れ）システムがあることは明らかである．手術に関するプロセスの多くの部分は，機械的なプロセスであり，工場のフロアで活用されている一般的なIT システムによってサポートされているため，自動化できることも明白である．

相違点として，ロボット工学では，看護師，理学療法士，痛みに関するコーディネーターと同じように動作できるロボットの製作は困難であるため，これに関連するプロセスは人間をロボットに置換えることはできないということである．ロボットが外科医または麻酔科医にとって代わる機会については後ほど議論するが，すでに外科医がロボットの拡張機能を利用し手術を行っている．

ただし，こうした標準化は，患者の抱える症状が根本的な原因を特定できない場合には，採用できない．

救急救命室（Emergency Room, ER）について考えてみよう．前述のプロセスで実現できなかったのは，診断プロセスだった．このプロセスにおいて，患者がベッドの上に横たわっているだけで，すべて診断してしまうという，まるでSF のような自動化が実現できるのだろうか．銃撃の犠牲者となった患者が，ER に運

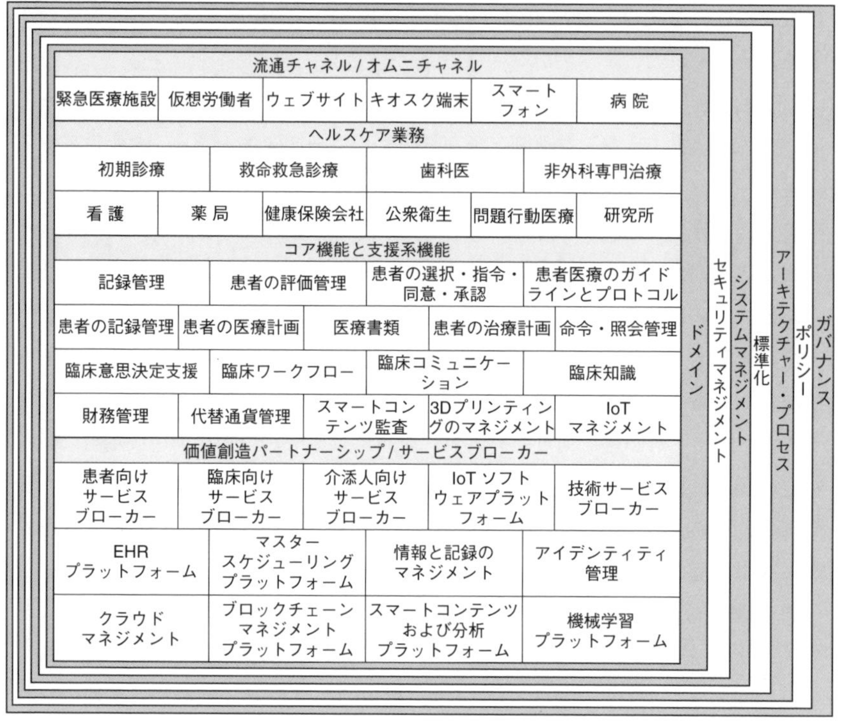

図 10・1 オートノマス化したヘルスケアサービスの新たなビジネスモデルとその領域

び込まれた場合はどうなるのか．命を救うプロセスを自動化できるだろうか．オートノマス化された診断システムによって，病状の悪化のスピードを上回る正確で迅速な診断を行うことができれば，人工膝関節置換手術の手順を標準化するよりも，ヘルスケアサービスの領域において大きなインパクトをもたらす．

図 10・1 は，オートノマス化したヘルスケアサービスの新たなビジネスモデルとその領域を示している．ヘルスケアサービスのオートノマス化における最適かつ最初の活用となる領域は，**意思決定支援システム**（Decision Support System, DSS），つまり，患者の転帰を改善するシステムとなるだろう．ヘルスケアサービスの DSS に必要な機能は，金融サービスやサプライチェーンなどの他の業界において，現在使用されている DSS の機能とよく似ている．そのため，DSS はヘルスケア業界の時間尺度（タイムスケール）からみると課題が

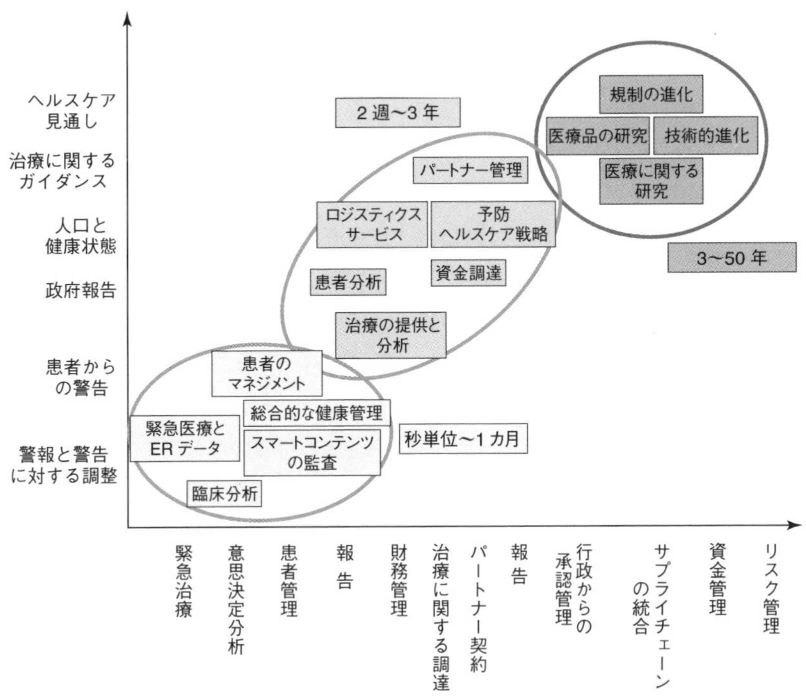

図 10・2　ヘルスケアサービスを自動化するために必要なデータ

多い．図 10・2 のヘルスケアサービスを自動化するために必要なデータについて確認すると，そのギャップは，他の業界よりも深刻である．

ER におけるトレーニングには，異なる時間尺度ごとに異なる分野のデータが必要とされる．DSS は，土曜日の午前 2 時にシカゴのクック郡病院に運ばれた ER 向けの患者の胃の問題が，おそらく過去の銃撃によるものであるとわかっているが，40 マイル（約 64 km）離れたイリノイ州のバリントンのグッドシェパード病院では，食中毒として扱われたらどうなるだろうか．前者については，過去の犯罪データとリアルタイムのデータを必要とするが，後者は複数年にわたる傾向によって判断される．

ヘルスケア領域においてオートノマス化される可能性の高い次の領域は，IoT を活用した診断と慢性疾患のモニタリング（見守り）だろう．

手首につけた装置，眼鏡，インプラントの歯などへのIoTの活用は，開業医によって患者を見守るとともに，機械の保守のように早期行動につながる．さらに，将来的には，患者自身が関与する医療や，研究，慢性疾患の医療管理への進展が期待される．

患者との関わりには，アバター（分身）との濃密な意思疎通という興味をそそられる取組みがある．患者は医師のアバターと対話でき，医師は患者のアバターと対話することもできる．

ヘルスケアシステムに隣接した領域では，オートノマス化されたサイバーセキュリティが活用される．医療機関は，サイバーセキュリティへの取組みの成熟度が劣ることで悪名高い．今後，多くの医療システムは，攻撃目的で構築されたオートノマスが仕掛けてくるサイバー攻撃の格好の標的となるだろう．

医療機関は，この問題に直面することを前提に，防御と事業継続の能力を高めるため，事業基盤を強化する方法について注目する必要がある．

10・2　診断の自動化——人間とオートノマスが最も協力し合える領域

医師の仕事をAIに置き換えることを目的とした重要な研究がある．さまざまな文献レビューからは，患者が診察室に入り，AIと向き合ってから，AIが初期の段階から診察を始め，患者の抱えている問題を診断するという研究の共通テーマが明らかになった．

AIは頭痛，のどの痛み，無気力などの症状から始まり，こうした症状をひき起こすと考えられるあらゆる疾患の検査を始める．患者が子供であるということを配慮する必要もない．医師でなくても，知識のある親であれば，子供ののどに白い点をみつければ，連鎖球菌性咽頭炎であると推測するだろう．

こうした簡単な事例は，オートノマス化された診断のほとんどが，何らかの結論を見いだせることを表している．迅速な診断，つまり，病状が進行するよりも短い期間での診断は，人間がオートノマスを慎重に活用することで最適に機能させることができる．

人間が診断にオートノマスを活用するほど，オートノマスは診断から特異点を学習する．オートノマスが，人間を関わらせずに自ら学習するようになるまでには，数十年を要すると考えられる．

人間による病巣に対する理解を妨げているのは，根本的な原因を診断するプロセスである．ERにいる看護師や医師は，患者が直面している問題を理解し，判断するために数秒から数分しかかけることができない．医師たちは，左肩に銃創を負った患者が，麻薬の入った袋を飲込んだ運び屋だと知ることができるだろうか．患者にとっては，飲込んだ麻薬の袋に穴が開くことに比べれば，銃創は大したことではない．ERの医師たちは，どれだけ早く，正しい診断にたどりつけるのだろうか．

オートノマス化されたヘルスケアシステムについては，IoT，解析，オートノマスという三つの構成要素からではなく，別の構成から説明ができる．ヘルスケアにおける診断は，単なるオートノマスから，“オートノマスと人間”という構成に変更されるためである．

私たちは人体について多くを知っているが，医師や看護師が扱い切れないベッドでの習慣，直感，（オートノマスでは身につけられない）第六感などの膨大な関連情報をよび出す能力も総動員する必要がある．

医師や看護師は，数百の条件から数千に及ぶ機関誌の記事を蓄積しておくことはできないが，薬物の入った袋をすばやくみつけることはできる．

オートノマスが診断を実行するまでのルールとして犯罪者を認識するための能力を組込み，体系化する必要がある．患者が頭痛，吐き気，便秘，無気力感を訴えた場合，診療所の診断プロセスはどうなるだろうか．脳腫瘍や，低炭水化物ダイエットを考慮するのだろうか．

多様な診断結果が多様な時間尺度で発生する．ERの診断においては，数秒から数分で正しい結果が得られなければならない．一般的な医師の場合には，もっと熟考し，診断結果を出すために，数時間から数日かけることもある．心理学者の場合には，患者が躁鬱(そううつ)病者かどうかを判断するのに数カ月から数年かける場合もある．つまり，多様なプロセスが，それぞれ異なる時間尺度で発生する場合には，人間を支援するオートノマスによる診断プロセスも変化することを意味している．

ERのためのオートノマスは，詳細かつ実行するために時間がかかる洗練されたアルゴリズムではなく，多様なアルゴリズムを使用することで，早急に問題の分類を行う必要がある．

このオートノマスは，特定の問題に関する情報が，特定の時間や曜日に，ERへ到達することを認識していなければならない．よって，ERの診断プロセスには時間依存性とともに，患者ごとに何をみつけるべきかという優先順位づけが必要となる．

オートノマス化されたERシステムは，土曜日の夜に，出血しながら運び込まれた20歳の患者に対して，体のまわりから銃創をみつけることを認識している必要がある．同様に，オートノマスは，学校に行く前に運び込まれた子供が連鎖球菌性咽頭炎を患っているか，学校での生活中，あるいは，学校が終わった後に運びこまれた子供が，遊び場でけがをした可能性があることを認識している必要がある．診断プロセスは，単一のプロセスではないためである．

“診断”は，多くの異なる類型のプロセスを包括する言葉であり，それぞれを支援するオートノマスにも違いが生まれる．オートノマスは，患者がER，あるいは病院に到着した際，症状の観察を最小限にし，根本的な原因を探るため多くの時間を費やすことができるよう支援する．

人々が自動車を排出ガスの試験にかける際，試験を実施する施設では，単に検査装置をハンドルの下のポートに差込むだけでよい．数分後，検査装置は自動車からダウンロードしたデータに基づき，合格，不合格を宣告する．

自動車に関するデータは，その自動車に残り続ける．技術者は，その時点での自動車の状態を完全に理解するために，さまざまなデータを探す必要はない．ただし，自動車は過去の履歴を保持しておらず，現在の状態に関するデータのみをもっている．これが今日の自動車における欠点の一つである．車の過去の履歴データはどこにもない．印刷されたレポートだけが，販売店や修理店に配られる．

この事例は，ヘルスケアサービスの役に立つだろうか．人々は，医療提供者が患者の許可を得て，いつでもアクセスできる病歴を持ち運ぶことができるようになるだろう．

ヘルスケアITの状況は，金融サービスのようなITの最先端の取組みからは，一貫して15年は遅れていることを念頭に置いたうえで，(規制やプライバシーの問題は別として）人間が誕生してから現在までのすべての病歴をもっていると仮定しよう.

ここでの病歴には, X 線画像, CT〔Computerized (Axial) Tomography, コンピューター断層撮影〕画像, MRI (Magnetic Resonance Imaging, 磁気共鳴画像), 心電図, 脳波図, 薬歴, 血液検査の結果, 毎日の血圧測定値, インフルエンザなど一般的な病気の記録, などが含まれる.

これらは想像していたよりも少ないデータ量である. 著者は, 誕生してから膝の手術をするまでのすべてのデータ量は, 既存の 100 GB (ギガバイト) の USB メモリに保存できると見積もった. データ量は少ないものの, そのデータに関する分析には大変価値がある.

医療関係者は, 医療機器がブルートゥースやワイヤレス接続を介して記憶装置に接続されると, 数秒以内に患者の抱えている問題や症状を確認することができる. 医療関係者は, ER の現場, 医師や心理学者のオフィスなど, どこにいても, 根本的な原因を探るため, 蓄積された膨大な医療知識をもとに短時間でデータを分析し, 視覚化することで, 活用できる. 複雑でエラーを起こしやすい診断プロセスは, 医療専門家が常に最初から始めるのではなく, 診断プロセスのより最適なタイミングから開始できるように自動化することができる.

医療機器やデータマイニングに関するスタートアップ企業の取組み状況から考えると, 診断プロセスに関するデータの収集と処理を自動的に行うことができるようになるだろう. すでに人体がもつ多くの特性を継続的に読み取ることができるセンサーもある. こうしたセンサーは, 体内にも体外にも取付けられる.

たとえば, ネットワークセンサーをシャツやブラウスの中に取付ければ, データを取得し, あらかじめ埋め込んだ装置と通信ができる. 取込んだデータを保存して, その人の状態をさらに分析し, 簡単に分析できるようにするため, クラウド対応のマスターノード (特別な役割を与えた端末) を体に付けることもできる.

一般的に, ヘルスケアサービスはブロックチェーンの利用によって利益を得られると考えられている. bcEHR〔ブロックチェーンを活用した EHR (Electronic Health Record, 医療情報連携基盤)〕は, その利用について多くの関心とともに異論も巻き起こしている. 何よりも, ブロックチェーンは医療記録の信頼と検証の問題に対処できる．医療関係者が所有も管理もできていない電子医療記録に関しては，記録が完全なのか，記録されていなかった媒体によって改ざんされていないか，ということが問題になる．

これは大きな問題である．Anthema*1 がもつ 8000 万人分の患者と従業員の記録は，外部のハッカーから侵入されたことがあり[1)]，UCLA Health*2 も，外部から 450 万人分の患者記録に侵入されている[2)]．病院でも，患者の記録にランサムウェア（身代金要求型不正プログラム）が仕掛けられるという事件が報告されている．医師や病院は，いまだにサイバー攻撃によって侵害された患者情報が，盗まれた後，どのように悪用されてしまうのか理解できていない．

ハッカーは，医療の専門家でないにもかかわらず，電子医療記録に情報を追加できる．そのため，ハッカーが，無害と思った（患者にピーナッツアレルギーがあるなど）情報を追加しても，患者の命を救うために用意された薬が，ピーナッツアレルギーをもっている患者に深刻な副作用をもたらす場合には，投薬できないこともある．

医療記録の完全性の検証はさらに困難であり，診断や負傷に関する記録の欠落は，患者が受けられるはずの将来の医療に問題をもたらす可能性がある．50 歳以上の人ならば，過去に医療を受けたすべての場所と，それぞれの場所でどのような治療を受けたのかを正確に思い出すことはできないだろう．

人工膝関節の置換手術を受ける患者は，数十回におよび膝を傷つけた経験や，それぞれのけがの後，いつ，どのような状況でレントゲン撮影されたかについて覚えていない．膝がどのように傷を負ったのか知るためには，数回にわたり CT スキャンや MRI を行わなければならないだろう．

完全な診断結果だけが欠落しているわけではない．通常，過去に経験した症状は記録しているが，その症状を将来，活用するためには保存し記録していないことが多い．

ある研究によると，患者は，看護師や医師がメモした症状よりも，多くの症

*1 訳注：Anthem は米国の大手の健康保険会社である．
*2 訳注：UCLA Health は多くの病院や医療現場とのネットワークによって構成されている米国ロサンゼルスにある学術医療センターである．

状をあげることがわかった[3)]．医師と看護師は，通常，過去の患者対応の経験に基づいて，特定の症状に関連があるかどうか，その場で評価を行う．しかし，それはまた，医師や看護師が疲弊していることや，患者の発言を完全に理解していないことにも関係している．

bcEHR は，各患者の記録の権限や出所を中央集権的に管理することなく機能させることができる．患者が医療機関を訪れるたびに，患者によって医療機関の治療情報が bcEHR に記録され，この追加情報はブロックチェーン上で注釈が付けられると同時に，検証される．患者は，同じ，あるいは，別の医療機関に次回，訪問する際には，ブロックチェーンによって bcEHR が改ざんされていないことを確認するとともに，医師は情報が完全かつ正確であることを確認できる．患者はすべての bcEHR に関するデータを持ち歩く必要はなく，その主要な部分と，クラウドサービス上に永続的に保存されている残りの部分にアクセスできる権利をもっていればよい．

IoT と組合わせた場合には，この筋書きからすぐに恩恵を受けることができる二つの領域がある．

一つ目は，地震やハリケーンのような壊滅的な被害をもたらす災害に直面している人たちの領域である．救急救命隊が到着すると同時に，負傷者の状態を確認できれば，救助の効率は向上する．bcEHR は，すぐに救急救命隊員とつながり，隊員は一瞬で決断を下すことができる．実際，ワイヤレス接続でつながった重症度判定装置は，半径 10 マイル（約 16 km）内の負傷者を識別して状態を認識し，捜索と救助活動の範囲の中から，最も厳しい傷病者に対して優先的に救援チームを投入すべき場所を知ることができる．

二つ目は，軍事用途である．軍事用途には，さらに二つの可能性がある．

第一に，軍の司令官が現状の兵士の身体的な状態を判断するために，戦闘中の部隊を監視できる．兵士たちが疲れているか，気づかぬうちに脱水症状になっていないか，数分間で敵を打ち破る必要に迫られることに対してストレスを感じていないか，について監視できる．

第二に，兵士が傷を負うと，トリアージ*センターや病院に搬送され，セン

* 訳注：トリアージ（triage）とは，患者の重症度に応じて治療の優先順序を決めること．

サーはbcEHR上に兵士の最新の状況を継続的に登録し，現場の医療関係者に対して更新情報を提供し続ける．こうした情報は負傷した兵士が運び込まれた先の医療関係者に提供され，兵士に何が起こったのか，搬送途中で何が行われたのかをすぐに確認することができる．医療関係者は，この情報をリアルタイムに監視し，発生している問題について把握し準備できる．

兵士からリアルタイムで取得される情報は，兵士の命を救う準備をしている医療関係者以外の人たちにとっても価値がある．兵士のbcEHRにある情報は，軍事関係のサプライチェーンに提供される．軍は，他の負傷した兵士から生み出され，提供された情報を集約し，負傷者とその負傷の範囲に関する正確な情報を取得する．

軍事関係のサプライチェーンでは医療組織が要望をしなくても，特に必要としている品目を送り込めることもわかっている．薬剤や血液に加えて，臓器や人工装具を作成するための3Dプリンターの原材料も再供給が必要になる場合があるだろう．

ここでの重要なポイントは，① ヘルスケアシステムのオートノマス化は人間にとって有益であり，② 患者のbcEHRとの連携は患者への医療サービスの提供にとって重要であるということである．

人間とオートノマスの双方が，患者の信頼できる完全な記録を持ち合うことによって，患者を効果的に診断できる．診断プロセスとしては，検査の状況に応じて多様な時間尺度をもつことができ，患者の情報を状況に応じて組合わせる方法は短期診断にも，長期的な治療にも役に立つ．

10・3 ヘルスケアパートナー

日本は，高齢者のパートナーとなるロボット製作の最前線にいる[4]．世界中により多くの医療従事者が必要になると予想される中で，在宅医療の分野は特に深刻な問題を抱えている．米国における65歳以上の人口割合は現在13％だが，その数は2050年までにほぼ倍増すると予想されている[5]．

こうした環境下において，在宅医療ロボットには，パートナーとして交流する役割を中心に，多くの仕事への参画が期待されている．

人間は，会話をするロボットとすぐに友人になれる．ロボットは患者に頼られる存在となり，他の人間と同じように友情が育まれる．最も単純なオートノマスは，動作をしなくても，人間を監視し，会話する役割を担う．このオートノマスは，患者のbcEHRを維持しながら，更新が行われた際には，関係者に通知してくれる．

オートノマスにアクチュエーター（作動装置）を追加すると，多くの活動を実行できるようになる．オートノマスは人間の歩行を支援し，人間がどこにいても正しい状況にあることを確認し，床ずれなどの問題が発生しないよう，日中や夜間に数回，動かしてくれる．

オートノマスが，人間をトイレや浴室に連れていき，人間を浴室から出したあとには清掃もしてくれる．オートノマスは，食事も準備してくれ，緊急（火災，洪水，地震）の場合には，人間と一緒に行動し，安全に移動させてくれる．

高齢者向けに限らず，これらのロボットの活用領域は拡大することになるだろう．オートノマス化されたパートナーを必要としている人数を正確に把握することは困難であるが，米国には，身体的な機能について支援を必要とする人が約2000万人もいる*．

高齢者以外の多くの人たちは，オートノマスのパートナーから“安全”という恩恵を得る．米国には，約30万人の対(つい)麻痺（上肢または下肢の左右対称性の麻痺）患者と四肢麻痺患者がいる．こうした患者は，高齢者と同様，身体機能に対する日常的な支援を必要としている．

オートノマスのパートナーは，トイレ，風呂，ベッドでの患者の上げ下ろしや，就寝後の寝返りなど，患者の移動を支援することによって，問題の発生を防ぐ．また，ビデオや音声を活用すれば，患者による他の人たちとの対話も支援できる．

ただし，オートノマスのパートナーが，患者の苦痛を認識し，苦痛の原因を判断して，その原因を取除く方法を見いだし，解決策を実行するという機能の実現と，そのための投資判断は大変難しい．

たとえば，浴室で患者を持ち上げる必要がある場合，患者が風呂から出たい

---

* National Service Inclusion Project, ‘Basic facts: People with disabilities’ (2016), http://www.serviceandinclusion.org/index.php?page=basic

のか，ユニットバスでトイレを済ませたあと，誤って浴槽に落ちてしまったのか，その判断は難しい．さらに，患者の安全に配慮するだけでなく，排出物を処理するという問題も解決する必要があるのだろうか．

ロボットが人間に取付けられると，腕や脚に代わる人工装具〔実際にはバイオニクス（生体工学）領域〕を動かすことができる．

軍では外骨格とよばれるシステムを開発しており，兵士自身の性能を向上するために着用する[6)]．兵士たちは，より速く走り，より高くジャンプすることができるようになる．同じタイプの装具は，自力で移動できない人や体に障害を抱えている人も装備できる．人工装具はそれ自体がオートノマスであり，患者とその介護者にサービスを提供する．

外骨格は，動作を支援する以上の価値を提供するため，オートノマスのパートナーであるともいえる．オートノマスは，患者のデータを取得でき，少なくとも人間の内部に組込まれた人工装具や IoT に接続することができる．

パートナーとしてのオートノマスは，人間と散歩や店に行くという支援や，浸水した地域に最も近い医療施設に連れていくという支援もしてくれる．また，パートナーとして支援する人が苦痛（たとえば，心臓発作）であるかを検知し，その人を医療施設に連れていくだけでなく，施設側とコミュニケーションをとりながら，初期治療もしてくれる．

オートノマスのパートナーは，高齢者の bcEHR を所有し，管理する．そのパートナーは bcEHR を通じて医師に情報提供し，医師が“患者が 1 日に 8 オンス（236 mL）の水を飲む”ようにロボットに指示する．

こうした指示は，患者に通知されるだけでなく，bcEHR にすべて記録される．bcEHR は，股関節手術のための 2 週間の入院や，不透明な金融取引など，主要な案件のライフサイクルを管理するために使われる．

bcEHR は，患者に関連するすべての組織が，データのセキュリティや整合性を侵害されることなく，データやアプリケーションへのアクセスを共有するための結節点になる．オートノマスのパートナーは，患者の bcEHR に追加すべき案件が発生した場合や，コミュニケーションに基づき何らかの行動をする際には，関係者に通知することになる．

10・4 少し待てば，新たな心臓を印刷

心臓弁の置換は簡単な手術ではあるが，多くの病院のウェブサイトを見ると，心臓切開手術に似ていると思い込んでしまう．生命を脅かす状況においてプロセスを開始する方法を示す主要指標からは，身体に負担を与えない手術で心臓弁を置換する新たな方法を確認することができる[7]．

手術では，カテーテル（医療用の柔らかい管）によって新たな心臓弁を挿入する経カテーテル的大動脈弁置換術（Transcatheter Aortic Valve Replacement, TAVR）を使う．

現在，交換用の弁は，機械装置，または，ブタやウシの心臓からつくられているが，単純な機械弁は3D印刷で製作できるようになった．複雑な3次元の生体機能性材料*についても，3Dプリンターで製作する生体適合性材料，細胞，補助部品に関する研究が積極的に行われている[8]．

一方，交換による問題解決に関しては，臓器の一部となる部品にも同様に価値がある．心臓弁はその一例である．腎臓や胃などの他の臓器では，問題解決のため完全に交換する必要はない．臓器の一部が印刷された代替部品によって置き換えれば，十分に問題解決できる．

一般的に，3Dプリンターによる臓器の印刷には，四つの分類（皮膚などの二次元組織，血管などの中空管，膀胱などの中空の非管状器官，胃などの完全な臓器）がある．

現在，ボトムアップアプローチが再び期待されている．臓器の印刷については，皮膚の2次元印刷，中空管，中空の非管状器官，完全な臓器の順番に成熟が進むはずである．

この節では，医療における3D印刷の活用は，ヘルスケアサービスのオートノマス化が可能であることを示している．3Dプリンターが臓器部品を印刷する際，IoTも同時に印刷できる．

3Dプリンターは，臓器部品の経時的な監視に役立てるため，とても小さなIoTを皮膚，血管，膀胱，臓器に自然に加えることができるようになる．この

＊ 訳注：生体機能性材料とは，人工の有機および無機材料で人体の傷害を補填するための医療目的および健康な人間の機能拡大を目的に使用できる材料をさす．

IoTは，救急救命隊が製作した臓器部品を活用するため，オートノマスのパートナーやその他の外部の装置とつながることも可能である．

10・5 手術のオートノマス化

オートノマスが人間の手術を行うという取組みは大変魅力がある．

最新技術としては，Intuitive Surgicalの“ダ・ヴィンチ・サージカルシステム*”があるが，これはオートノマスではなく，外科医の制御下にあるマスター/スレイブ（従属関係）方式の機械である．

特定の手術のために訓練されたオートノマスが，昼夜，休日に関係なく，いつでも手術できるようになれば，大変に魅力的である．この手術を必要とする患者は，順番に手術を受け，今よりも大幅に予測精度の高いスケジュールに沿って回復できる．

安全面では，オートノマスが患者ごとに同じ方法で手術を行うことができるという別の利点もある．もはやオートノマスに対して，“この手術を週に何回するのか”，“学位はどこで取ったのか”などの質問は必要ない．おそらく，オートノマスには，どこで手術を行っても，外科医のベストプラクティスに基づいたアルゴリズムが実装されているだろう．

オートノマス化した手術システムのさらなる魅力としては，リースやその他の資金を活用すれば，何千人もの患者の手術を行うことができ，病院自体のオートノマス化の費用をすぐに償却できてしまうということにある．手術チームには費用がかからず，数時間分のオートノマスの使用にかかる費用だけになる．

“組立ライン”の比喩は不適切かもしれないが，合っているだろう．腰関節や膝関節の置換手術を最適化するための訓練や構築の全体にかかわる議論においては，より一層，最適化したオートノマスを実現するうえで，一つの要素が抜けている．

それは，ほかにもビジネスモデル面で適している一般的な手術があるということである．病院を巨大な一枚岩の構造ではなく，特定の手順で最適化された

---

* 訳注：da Vinci Surgical System（ダ・ヴィンチ・サージカルシステム，ダ・ヴィンチ外科手術システム）とは，米国Intuitive Surgicalが開発した内視鏡下手術用の手術用ロボットである．

構造であると想像してほしい．

こうした手術の費用は，新たな提案の役に立つ．オートノマス化した手術システムの費用は，病院とこれを提供する企業との間での単純なリース契約になるだろう．

また，オートノマスを病院にリースする業者がおり，病院は場所を貸し出すだけで，オートノマスが患者や，患者にかかわる医療提供者に請求書を送付してくれる．オートノマス化された手術システムは，その手術の一部にブロックチェーンを活用しているため，患者の医療情報に関して常に対話できる．

オートノマス化した手術システムには，画像認識システムと，複雑な手術を実行するためのアルゴリズムという二つの課題がある．

前者は，大変健全な研究分野ではあるが[9)]，本書では扱わない．画像認識システムについては，人間と動物の視覚をモデル化した高度な IoT から取得された画像やビデオから，実用的な情報をひき出せれば十分である．

一方，手術を実行するためのアルゴリズムは，ロボット工学研究分野においては成熟した分野である．オートノマス化した手術システムの課題は，研究者が，理学療法士のように複雑な仕事を処理できるロボットを開発していることから生じている．

第一の課題は，人間もオートノマスも切開する場所を十分に把握しているという前提で，オートノマスが切開に際して何を見ているのかを特定できるようにすることである．臓器を明確に把握し，特定するには数分かかる．その後，目視した対象を正確に認識する必要がある．

オートノマスは盲腸を見ているのか，それとも，盲腸を摘出するために他の臓器をそっと動かす必要があるのか．手術の各手順を明確にし，その手順を実行した際のビデオを確認すると，最も簡単な手術からでさえ，手術システムのオートノマス化に向けて直面する課題が明らかになる．

オートノマス化した手術システムは，患者を継続的に監視することもできる．原則として，オートノマスは，手術中の患者の反応を監視しながら，麻酔を適用する際，薬物の使用量を調整し，必要最小限の量だけを使用する．

また，オートノマスは，患者の身体的な状態も監視し，そのデータを患者のブロックチェーンに保存する．ブロックチェーンには，患者の状態とともに，手術全体のデータが保存される．

手術中に患者の容態が急変した際には，オートノマスは，人間よりも早く問題を感知できるはずである．患者が人間に依存していた頃は，観察（Observe），情勢判断（Orient），意思決定（Decide），行動（Act）のループを回し，問題解決に至るまでに数分を要したが，オートノマスであれば，迅速に改善策を講じられるため，数秒で問題を解決できるだろう．臓器が劣化し始める前に人間よりも早く手術できるというオートノマスの能力は，患者にとって，どの外科医よりも大きな価値がある．

手術システムのオートノマス化に向けた取組みが不足しているわけではない[10)]．最近発表された論文では，オートノマスがブタの腸を縫合する方法が示されている．

この事例は簡単だと思う人もいるかもしれない．獣医であれば，約8分あればできる．論文にあったオートノマス化した手術システムは，アクチュエーターを蛍光色素によって誘導しながら，約50分かけて縫合した．また，オートノマスは，ブタの腸の切開部のみを縫合した．つまり，オートノマスは，ブタに対して麻酔をせず，ブタの身体や腸の切開もせず，ブタの傷口を閉じるための最終縫合も行わなかった．こうした作業は，ほとんど，研究チームが行ったのだ．

しかし，“オートノマスがブタの腸の切開部分を閉じることができた”とした研究チームは，プロセスの有効性に関する測定を実施し，管理下にあるオートノマスによる手術の結果が，専門の獣医による手術よりも優れていると判断した．

この結果は，オートノマス化した手術システム全体〔AI・アナリティクス（分析）・IoT・アクチュエーターの融合〕を開発し，精密手術を行ううえでの，今後の進歩の見通しを示している．

繰返しになるが，この領域におけるオートノマス化は徐々に進展している．現在，承認されているオートノマスに近い手術システムは，オートノマスというより，手術のための精密機器である．アクチュエーターを制御するための画像解析技術やアルゴリズムの改善とともに進歩し続けることは明らかである．

将来的には，外科手術のオートノマス化が進展し，機能が追加されるにつれて，外科医が自ら手術する領域が減ることになる．

こうしたダイナミックな変化は，乗客の認識とは関係なく，パイロットの業務が減り続け，オートノマスの業務内容が拡大し続けている航空業界の状況とよく似ている．

人間は，オートノマス化した手術システムがそれほど不透明ではなく，これを受けるまでには選択肢があることを知ることになるだろう．安全面での実績や成功率に関係なく，人間は反射的にロボットによる手術を拒絶する．

しかし，民間航空会社のように，シカゴ–上海間の往復チケットを 1499 ドル（約 16 万円）ではなく 149 ドル（約 1 万 6 千円）で買うことができるのであれば，完全にオートノマス化した航空サービスを希望する場合もある．

つまり，激しい痛みのある患者や，外科医による股関節置換手術に 6 カ月間も待てない患者は，来週，コスト負担を大幅に削減して手術が受けられるならば，オートノマス化した手術システムを選択する可能性は大変高いだろう．

手術のオートノマス化に注目する理由は，常に特定の手術を成功させることができるためである．それ以外にも理由はある．オートノマス化した手術システムは，切開手術を行いながら，患者の身体の他の部分を傷つけずに検査することができる．

既知の用途のない盲腸を切除する単純な手術について考えてみる．盲腸切除は最も一般的な手術だが，この手術により隣接する領域に付加価値をもたらすことができる．

小型ドローンや光ファイバーケーブルを結腸内に放てば，体内の構造図を作成できる．これには数分しか要しないが，臓器の状態に関する貴重な情報が得られる．これは，数年に 1 度しか大腸内視鏡検査が行われない環境下にいる 50 歳以上の患者にとって望ましい取組みである．

こうした取組みにより，患者にとって将来役立つデータをさらに収集してみてはどうだろうか．大腸がん（結腸がん・直腸がん）は，米国の男性と女性において 3 番目に多いがんである．ドローンや光ファイバーケーブルが，がんの可能性のある領域を検出できたなら，生体検査用のサンプルを採取し，早期発見率を高めることができるだろう．

別の例としては，心臓に直結する静脈や動脈を露出させる手術がある．おもな技術としては，心臓やその周囲の血管を検査するために，心臓とつながる静脈や動脈にカテーテルを挿入する方法がある．この手術によって，医師は血管造影図を撮り，血流を記録し，心拍出量と血管抵抗を計算することによって，心筋の生体検査を行い，心臓の電気的活動を評価することができる．

鼠径部に対してヘルニア手術をしているとする．これは，オートノマス化した手術システムが扱うことのできる簡単な手術の事例である．この手術では，ドローンやカテーテルを大腿動脈まで走らせ，心臓の検査を行い，その情報を患者のブロックチェーンに記録し，情報として活用することができる．ただし，こうした手術は米国においては，典型的な症例として300万件以上が明らかになるまで実施されない．この手術には，医師の施術を支援するX線装置の使用も含まれる．

ドローンやカテーテルのいずれかが，ワイヤレスか，ブルートゥースを介してオートノマスの手術システムとコミュニケーションできれば，カテーテルのオートノマス化に向けた設計にX線装置を含める必要はなくなる．

また，ヘルニアの患者を治療する場合には，他の診断から情報を取得していれば，胸痛など多様なテストにおける異常な結果や，心臓発作をはじめとしたその他の主要指標を待つ必要がなくなるという魅力もある．

10・6　オートノマス化した病院

病院は，診断，検査，治療，スクリーニング（症状が現れる前に病気を発見するための検査），相談，介入，手順，リハビリテーション，患者の監視などの多様な機能を考慮する必要があるため，必然的にオートノマスの集積となる．

病院の顧客とは誰だろうか．顧客が，患者か，健康保険の契約者か，健康保険会社であるのかは明確ではない．顧客を明確に定義できないということは，病院のオートノマス化が困難であることを意味する．顧客の性質については，オートノマスや，データの収集と処理，意思決定，行動について定義し注目することになる．

もう一つの問題は，優先順位づけである．オートノマス化によって，どのように関連する活動が優先順位をつけられるのだろうか．

病院は，病気の患者を“原材料”とすれば，治癒した患者は“最終製品”であり，健康保険会社向けの製品を生産していると考えることもできる．健康保険会社は，自分自身，あるいは，雇用主を通じて保険料を支払うが，本当は，保険金を請求してこない患者を望んでいる．患者が保険金を請求する場合には，健康保険会社は支払いまでのプロセスを最小限の費用で済ませたいと考えている．

したがって，病院が“原材料（患者)”を取込んで，原材料に対して付加価値のある作業を行い，“顧客（健康保険会社)”の期待に応える“製品（治癒した患者)”を生産しているとも考えられる．

病院の自動化に関しては，以下の疑問がある．付加価値のある作業は，組立ラインのように病院において繰返し行うことができるのだろうか．各プロセスが非標準であり，異なる方法によって行われる多くのプロセスが存在してしまうのだろうか．

前者は，病院の業務がどのように自動化するかを検討するうえで重要であり，後者は自動化が困難である事例を示している．

この二つを統合する方法はあるだろうか．

膝の手術を受ける患者と，症状を伴いERに運びこまれる患者とのおもな違いは，前者は確定した診断を受けているが，後者は受けていないということである．診断の自動化は，最も難しいと考えられるが，自動化のために費やした多額の投資を止めるものではない．

診断は，オートノマス単独によるものではなく，人間とオートノマスとの組合わせが最善であるとすでに本章で結論づけた．

診断が完了した後，残りの手順が機械的に済ませられることを予想できるだろうか．80対20の法則における20％の事例にあたらないということである．どれほどよいシステムであっても，オートノマスの想定を超えるような問題を抱えた患者は常に存在する．それは，従来の常識が通用しない新たな問題が継続的に発生するためである．

オートノマスはAIDS（Acquired Immunodeficiency Syndrome，後天性免疫不全症候群）にどのように対応するのだろうか．ヒト免疫不全ウイルスの感染によってひき起こされる一連の症状として認識できるのだろうか．医学界は，AIDSを認識するために数年を要し，治療において薬物療法を開発するために，さらに長い年月を要した．

新たな病気に対して，既存の知識がまったく通用しない場合，オートノマスは，症状の根本的な原因を確認するためにどんなデータを活用すればよいのだろうか．実際，オートノマスには対応できないため，診断の場面での人間とオートノマスとの連携が強化されるだろう．実際，AIDS に関しては，試験と診断が開発された後，病院は診断から治療へと移行できるようになった．

まず，“組立ライン”における実例について検討してみよう．この実例には前述の膝の手術が合致する．患者の治療に関するライフサイクルのある時点で，症状を解決するために患者がすべきことについて意思決定される．

予後の段階は，人間による支援を前提に，オートノマスによって開発され実行される明確に定義されたワークフロー（業務の流れ）に沿って行われる．ここから自動化できる機械的なプロセスが開始される．

人間の役割がなくなることはないが，オートノマスは人間よりも多くの活動をこなすことができる．たとえば，患者情報の管理は，手動でも，多様な機械からも入力される．オートノマスは，音声認識，ビデオ監視，患者のまわりで収集された他のデータを使用して，活動を制御するとともに，その実行を保証する．オートノマスはワークフローを所有し管理できるため，組立ラインで行われたように，ミスの削減と一貫生産への取組みはよりよい結果へとつながるはずである．組立ラインにおいては，最終製品の品質の向上，顧客の期待に応えること，製品の製造費用の削減が求められる．

オートノマスからの主要な入力内容としては，患者情報を保存するための機器と組合わせることによって取得されるビデオ情報がある．患者が自分の部屋にいるときでさえ，患者を絶えず監視することは困難だが，既存の技術を使えば可能である．

ビデオからの情報は，特定の条件に応じて最適化されたフィルターが追加されれば，さらに情報を強化できる．たとえば，ビデオカメラには，人間や他の哺乳類が放出する放射線の波長である 10 μm のフィルターを取付けることができる．人間の体温の変化は，温度センサーでも確認できる．また，出血は，体に即座に現れる．

元気だったのに，その後，苦しみ始めた患者はビデオで識別される．オートノマスが，あらかじめ，こうした行動を識別するように訓練されていれば，すぐに行動を起こすことができる．

ハイパースペクトルカメラは，多様な波長ごとに，同時に患者を監視できる．ハイパースペクトルカメラがもつ広域の視野があれば，患者だけでなく，細菌汚染された部屋の機器や表層部分も監視できる[11, 12)]．

細菌は高分子形態で組織化されたバイオフィルムの中に存在している．バイオフィルムは，カテーテル，コンタクトレンズ，患者の監視に用いられる医療機器など，多様な機材の表面に形成される．

米国国立衛生研究所の推定によると，人間の感染症の 80 %はバイオフィルムに関連している．病室とその中の患者や機器に関するハイパースペクトル画像は，オートノマスと連携し，患者の回復の設定値に沿って管理することによって，感染症の危険を回避することができる．

この方法で患者を常時，監視し，特定の患者を管理する中で，オートノマスを成熟させることができる．自動車の組立ラインが，航空機の組立ラインと異なるように，患者にも同じような差異が生じる．

病院は，オートノマスを成熟させるために，時間の経過とともに，多様な患者について学習できる“十分に高い在庫回転率がある組立ライン”のようなものである．年齢，性別，経歴が異なる人々は，同じ手術を受けたとしても，それぞれプロセスが異なるだろう．

オートノマス化した病院は，自動運転車の成熟度に応じた成果を獲得すれば，その知識を車椅子，病院のベッド，病院内の多様な機器に適用することもできる．そうすれば，人間の支援がなくとも，患者や機器自体が移動できるようになる．

患者をベッドや車椅子から MRI に移送するためには，人間が移動作業を行う必要があったが，将来的には患者を X 線の台に乗せてくれるロボットや車椅子が使用できるようになるだろう．オートノマス同士が対話しながら，bcEHR に記録された患者情報や請求情報をもとに作業し合うこともできるようになる．

“組立ライン”を事例として使用することについては，患者を“製品”として扱っているようにみえてしまうが，より大規模な病院の自動化に向けて，有効な洞察を与えてくれる．

病院は，徐々にオートノマス化を進め，オートノマス化した手術システムや車椅子など，多様なオートノマスを病院に関わるプロセスとして統合する必要がある．bcEHR を活用すれば，患者から発生したすべての事象や端末の動作を記録できる．

10・7　ヘルスケアのオートノマス化がもたらす衝撃

ここまで，ヘルスケア業界の自動化について議論した．人間が自分の健康状態に関するデータを所有し，常に持ち歩く状態になれば，ヘルスケアサービスの提供価値を大幅に高めることになる．

現在，私たちは，これまで受診した多様な医療機関から収集されたデータに対して，所有権をもっていない．

人間が自らの健康データを持ち歩けるようになることに技術的な問題があるわけではなく，政治的な問題があるだけである．特にブロックチェーンですべての財務関連情報を持ち歩くことは簡単にできるはずである（表 10・1）．

医療業界においては，自動化が進展する中で，患者がデータを所有できるよ

表 10・1　ヘルスケアサービスにおけるビッグデータ分析の機会（診断，手術，病院経営）

新たな機能	現状分析	管理見通し	戦略見通し
SoE（System of Engagement, つながりのシステム）	• 試験的 M2M 処理	• 新たなエンドユーザー端末の管理（テレプレゼンスロボットなど） • ブロックチェーンを使用した M2M 処理の運用	• 大部分のオートノマス化
ロボアドバイザー	• ヘルスケア業界の従事者と患者との試験的支援	• ヘルスケア業界の従事者と患者間での手術・ER・他の接点におけるオートノマス化 • ヘルスケアに関する知識資源の広さと深さの強化 • ヘルスケア業界の従事者と患者との豊富な対話	• 製品の研究開発 • オンデマンドでの存在感 • 他のオートノマスと人間との豊富な対話
ブロックチェーンサービス	• 習熟すること	• 基本プロセスで使用するための試験的プロジェクトと内部の手動プロセスの自動化	• 資産と人間のオートノマスを活用した長期監視 • bcEHR • トランザクション管理

うになれば，医療サービスを提供するエコシステム（生態系）全体のリスクが軽減される．企業は所有するデータが多いほど，そのデータの使用と正確性に対する責任は大きくなる．

データは，サイバー攻撃の格好の標的になる．企業は，新たなモデルを生み出すのに必要なデータ量を確保するために，多くの資金を費やすことになる．

患者は，データとともに，患者からデータを収集するIoTや，患者の状態を示すAIモデルを持ち歩く．患者との接点となる場所では，病院で活用するために，このデータが提示される．純粋なデータやAIモデルを提供する責任は，患者を診断する病院やこれに関連する医療機関ではなく，患者側にある．

自動化はデータの統治に関する新たな機会を切り拓くとともに，医療機関はデータを統治するプロセスとその役割について，創造的に考えることが賢明であろう．

EHRに関する文献レビューからは，大変興味深い内容が示されている．

一つ目は，ヘルスケアサービスに関するIT支出が，IT活用では最先端である金融サービスの約5分の1に過ぎないことである．

二つ目は，最も重要なことであるが，EHRのソフトウェアの顧客は病院，医師，保険会社であり，個人がEHRの情報に接続できるようになることを気にしているITベンダーは存在していないということである．

ヘルスケアサービスに関するビジネスモデルの変革は，IoTの成熟とともに，人間とオートノマスの双方を活用できる専門家の体系的な開発から始まる．完全にオートノマス化した病院については，医療知識や端末に関するイノベーションが急速に普及するため，今後の筋書きを考えることは難しい．

ヘルスケアサービス領域は，人間とオートノマスが最適に連携する方法を示している．人間は外科医，専門家，看護師，そして，難解なヘルスケア関連法規を理解しようとする事務員になることができる．また，人間は，がん患者や，アドバイスを必要とする介護者，または，誰かと数分間，話をするだけの役割を担う人にもなれる．

ヘルスケアサービスのオートノマス化に対する一般的な反対意見は，患者の扱い方に問題が生じるとともに，本来，看護師や医師が提供するはずの快適なサービスを欠くのではないかと指摘している．ただし，不平を言う人の多くは，オートノマスがどれほど優れているか，という話とは無関係に，常に人間による対応を求めている．

オートノマスは，患者に大変共感することができ，時間をかけて人間の患者と対話する方法を学ぶこともできる．患者は，ロボットをパートナーとして，あるいは，他の人間とつながりたいというニーズを満たすために使用できる．

以上により，ヘルスケアサービスの領域は，徐々にレベル3へと移行すると予測される．

参考文献

1）A.W. Mathews, 'Anthem: Hacked database included 78.8 million people', *The Wall Street Journal*（24 April 2105）. http://www.wsj.com/articles/anthem-hacked-database-included-78-8-million-people-1424807364

2）C. Terhune, 'UCLA Health System data breach affects 4.5 million patients', *Los Angeles Times*（17 July 2015）. http://www.latimes.com/business/la-fi-ucla-medical-data-20150717-story.html

3）A. S. Strömgren, M. Groenvold, A. Sorensen, L. Andersen 'Symptom recognition in advanced cancer. A comparison of nursing records against patient self-rating', *Acta Anaesthesiologica Scandinavica*, 45（2001）.

4）Robotic Trends, 'Japan to create more user-friendly elderly care robots'（20 November 2015）. https://www.roboticsbusinessreview/rbr/japan_to_create_more_user_friendly_elderly_care_robots

5）Pew Research Center, 'Family support in graying societies'（21 May 2015）. http://assets.pewresearch.org/wp-content/uploads/sites/3/2015/05/2015-05-21_family-support-relations_FINAL.pdf

6）Science Alert, 'New wearable robotic exoskeleton gives you superhuman powers'（12 September 2014）. https://www.sciencealert.com/new-wearable-robotic-exoskeleton-gives-you-superhuman-powers

7）G. Kolata, 'Building a better value: A new approach to replacing narrowed heart valves allows older and sicker patients to survive treatment', *The New York Times*（20 June, 2015）. http://www.nytimes.com/2015/06/22/health/heart-failure-aortic-valve-disease-tavr.html?_r=0

8）V. M. Sean, A. Atala, '3D Bioprinting of tissues and organs', *Nature Biotechnology*, 32(8)（8 August 2014）.

9）K. Reinhard, 'Concise Computer Vision', Springer, Berlin（2014）.

10) A. Shademan, R. S. Decker, J. D. Opfermann, S. Leonard, A. Krieger, P. C. W. Kim, 'Supervised autonomous robotic soft tissue surgery', *Science Translational Medicine*, 8, 337ra64 (2016).

11) H. N. D. Le *et al.*, 'An average enumeration method of hyperspectral imaging data for quantitative evaluation of medical device surface contamination', *Biomedical Optics Express*, 5(10), 3613–3627 (2014).

12) W. Jun, M. S. Kim, K. Lee, P. Millner, K. Chao, 'Assessment of bacterial biofilm on stainless steel by hyperspectral fluorescence imaging', *Sensing and Instrumentation Food Quality and Safety*, 3(1), 41–48. doi: 10.1007/s11694-009-9069-1 (2009).

課題と展望

11・1 はじめに

未来はさまざまなかたちでやってくる．オートノマスは，本来，進化が積み重ねられ，一部の領域では他の領域以上に自動化が進み，迅速に影響がもたらされる．しかし，群衆に衝突してしまうドローンや，スクールバスとの衝突を避けるために，自動運転車が乗客もろとも橋から転落してしまうなどの問題が起こることもある．オートノマスの登場は，私たちの生活面にも大きな影響をもたらしているが，自動運転車や自動操縦の航空機で証明されているように，ほとんどの人間にとって目に見えず，未知な部分が多い．オートノマスが業務上，重要なプロセスをひき継ぐようになると，その存在と影響がより現実のものとなる．すでに労働者に対しては，人間が行っていた仕事の量と種類の両面から影響が現われている．機械同士の連携（Machine to Machine, M2M）によって多くの取引が行われるならば，政府はどのように対応するのだろうか．誰も自動車を運転せず，誰もレストランで働かず，人間の代わりにアバターから医療アドバイスを受けるようになるなど，無数の変化が次の 30 年に発生する．電子投票を安全に行うためには，ブロックチェーンの活用が有効だが，政府はそれを認可するだろうか．ドローンの利用は加速しており，FAA（Federal Aviation Administration，米国連邦航空局）は，米国空域の完全性と安全性を維持しながら，ドローンを許可する方向でプロセスと規制枠組みを整備している．しかし，政府機関のプロセスは，オートノマスの登場によって，意味のないものになってしまう危険性がある．このような社会的な変化に対して，どのように対応するのだろうか．

11・2 プラットフォームの台頭

ビジネスや個人の生活を取巻くエンタープライズ・アーキテクチャは，従来，アプリケーションソフトの購入や個別開発によって実現されていたが，ニーズや要件を満たしてくれるプラットフォームの定額制サービスに置き換わりつつある．これは，Facebook，Google，LinkedIn などであり，これまで経験したように多くの利点がある．問題は，企業や個人がプラットフォームを自ら所有しなくなり，その利用について，プラットフォームの提供者の言いなりになってしまうことである．より大きな問題は，プラットフォームの所有者でさえ，将来，どのように人間やオートノマスがプラットフォームを使用するのか理解できていないということである．

プラットフォームとは何か．プラットフォームとは，企業や個人がそのまま使うことや，必要に応じて，個別対応や機能の拡張もできるオートノマスのようなものである．自動運転車は Facebook，LinkedIn と同様にプラットフォームである．多くの人は，Windows PC からモバイル機器へと移行しているが，基本的な OS や従来のアプリケーションについては，何も知らずに使っている．

大きな弱点は，プラットフォームの所有者が，企業や個人がどのようにプラットフォームを使っているか本当は知らないことである．これは，Facebook などのプラットフォームにおいて，フェイクニュースの発信，リアルタイムに自殺や殺人を行う恐ろしいビデオの配信，選挙結果に影響を与えるオンライン広告や人為的な操作などが起こっていることから明白である．プラットフォームの提供者は，自分のプラットフォームのことをすべて知っていると思い違いをしている．プラットフォームが使用されているすべてのケース，そして明らかにプラットフォームを横断して使用されているプロセスのケースについての完璧な情報は把握していない．このギャップは，企業だけではなく，個人と企業と政府機関を通じた問題でもある．規制の枠組みはすべてのケースに対応しているわけではないため，このギャップが法の執行機関と規制当局の問題を表している．

特定のプラットフォームが，企業や個人を囲込むことで，大きな影響をもたらす．Amazon について考えてみよう．Amazon は，米国の e コマースの売上のほぼ 50 %を占め，特に 2017 年のクリスマスセールの売上の 3 分の 1 以上を占めている．オンライン販売業者は事業を拡大したいと考えるならば，ほぼ選択の余地はない．Amazon に出店するか，撤退するかである．Salesforce，AWS (Amazon Web Services)，Windows Azure，Facebook，LinkedIn，Google は，企業や個人をプラットフォームに囲込み，競合相手のプラットフォームに切替えることを困難にしている．移行に対して意図的に高いハードルが設けられており，将来，オートノマスにおいては，さらに切替えが困難になるだろう．企業が一つ，または，少数のブロックチェーンをもつサプライチェーンに入ったならば，そのサプライチェーンから，簡単に抜け出すことはできない．また，ブロックチェーンの一部を持ち出すことはできない．オートノマスはそのサプライチェーンのために最適化されている．切替えが選択肢にならないほど，切替えのための費用が高くなる．さらに，参入障壁も巨大である．プラットフォームの提供者は，サプライチェーンのパートナーが競合企業のプラットフォームに参加することを許すはずがない．この囲込みは，イノベーションと創造的破壊へのプロセスを抑圧する．

プラットフォームへの囲込みは時間とともに悪化する．そして，プラットフォームが機械学習機能（たとえば機械学習分析プラットフォームの h20.ai）や，IoT ソフトウェアプラットフォーム（たとえば GE の Predix）を主導し，展開している．Google，IBM や，他の多くの会社もオートノマスを構築するため，最良のデータの独占に向けて，継続的に取組んでいる．この囲込みには先例がある．企業は，財務，人事管理，サプライチェーンのために SAP，PeopleSoft のような ERP（Enterprise Resources Planning，企業資源計画）システムに囲込まれているとは思っていなかった．しかし，結局，一度，ERP の採用を意思決定すると，切替えられないことにすぐに気が付いた．結局，購入した後，囲込みによって現行システムがずっと継続することになってしまった．新たな ERP への切替えは時間がかかり，高価である．企業は，何年間，米国の給与計算代行サービスの ADP の雇用統計や金融データベンダーの Bloomberg が提供する取引システムを使い続けただろうか．切替えるチャンスはたくさんあったはずだ．

企業向けオートノマスは，新たなレガシー（遺産）となっている．すべてのオートノマスの機能は，古いアプリケーションを置換えるために，過去のバージョンの上で構築されることになるだろう．ほとんどの会社を支える屋台骨として，1960 年代に構築されたシステムが稼動しており，業務を実行している．長年にわたり何度も切替えが試みられたが，切替えることができたのは一部であった．その結果，企業のアプリケーションも，置換えを試みているが，山積みのままになっている．レガシー（遺産）となるアプリケーションには，複数の世代におけるアーキテクチャ（メインフレーム，クライアントサーバ，オブジェクト指向，分散サーバ，インターネット，重厚なサービスレイヤー，サービスブローカーなど）が含まれている．

これらの大量のアプリケーションは，実際，とても重要であり，会社にとって根幹をなす知識が蓄積されている．企業向けに開発されたオートノマスは，過去からのアプリケーションに固有のプロセスやデータにアクセスする必要がある．それらは多くの会社にとって最高の宝物であり，企業が新たなオートノマス層に現れた競合企業と差別化するために必要となる．これは，プラットフォームの提供者にはない優位性である．プラットフォームの提供者は，企業に蓄積されたデータを提供することはできない．企業は，新製品を開発し，新市場に参入するために，プラットフォームの提供者がもつデータのうち，利用可能なデータを自ら付加価値を高めて安全に使用する必要がある．

11・3 オートノマスの成熟度の重要な指針――プロセスの統合ポイントに着目する

オートノマスが，生活やビジネスに入り込んでいることを確認するためには，どこに着目すればよいだろうか．オートノマスをどれくらい活用しているかを把握するため，企業を探索することは難しい．採掘業は目で見てわかりやすいが，金融サービス業ではそうはいかない．オートノマスへの重要な転換点を探るために最適な場所は，サプライチェーンのように主要なビジネスプロセスが交差する地点である．

オートノマスな食料供給について考えてみよう．農場の自動化のレベルにかかわらず，他業界から独立しているのであれば，オートノマスのロジスティクスサービス企業と取引しなければならない．この組合わせはうまくいくだろうか．オートノマス化された農場は，オートノマスのロジスティクスサービスとやり取りできるだろうか．オートノマスは，うまく交渉できるだろうか．オートノマス農場は，いつ作物を売り，いつトローンサービスを使って，もっと有利な取引ができるところへ運べばよいかを決め，収益を最適化することができるだろうか．作物は目的の場所に到着し，適切な場所に出荷されるだろうか．これらの結果が明らかになれば，社会はもっと自動化され，オートノマスが成熟していることを確信できる．

ロジスティクスは，オートノマスが多くの場面で実証され，成熟する分野になる．FedEx や UPS のような大規模配送サービスが，ボーイング 747 による自動操縦の無人貨物航空を飛ばしたならば，オートノマスの成熟度にとって重要な指標となる．さらに，Amazon などがドローンによる配送を実際に開始して規模も拡大し，気が付けば，一般的な配送チャネルとなっているという状況も，もう一つの重要な指標となる．

ヘルスケアは，特に診断のような重要なサービスにおいて，医療従事者が患者と話すように，人間とオートノマスが対話する方法が示される領域になるだろう．音声認識の AI サービスの Viv に，“Viv，自動車事故にあった子供が頭痛や吐き気を訴えたけれど，何を意味しているの？”などと質問する必要はなくなる．子供を診断する際の，人間と医療従事者との会話について考えてみよう．質疑応答ではなく，会話である．Viv や，マイクロソフトの AI アシスタント Cortana とのやり取りが，質疑応答ではなく会話となることが，重要な指標となる．

オートノマスの成熟度に関するもう一つの重要な指標は，オートノマスがもたらした想定外の結果に対して，政府が介入せざるをえなくなるという事態である．これは，私たちの生活がすでに変化してしまい，その良し悪しにかかわらず，もとには戻らないという確かな証拠となる．

11・4　労働者への影響

失業はオートノマスに関する議論の火種となる．これまでも本書の中で数多くの議論をしてきたが，テレビやダボス会議のようなメディアを駆使した場に登場する人たちにとって，これは大きな問題となっている．大量の失業に対する脅威や，暴動の脅威に関する議論は確実に続くが，オートノマスが私たちの社会に与える影響について議論を進めることにはつながらない．これまでの産業革命には共通の課題があり，オートノマスの成熟に関するテーマは，その段階に達しているのかもしれない．そのテーマとは適応である．人々は徐々に仕事を失い，苦難に直面する．この苦難から抜け出すために，政府は善意的ではあるが，結局，あまり価値のない政策をもたらした．一方，人々のニーズから生み出されたイノベーションには価値があった．産業革命以前には想像できなかったことだが，労働組合は労働者にとって新たな仕事の創出を支援するためのイノベーションであった．労働者は新たな機械を支援し動かすために雇用される．確かに，抵抗し，暴動を起こす人間もいた．しかし，多くの人々は，時が経つにつれて産業革命がもたらした変化に適応し，その考えは子供たちに受け継がれた．

明言することは難しいが，将来，人間はその時々の方法で変革に適応するのだろう．オートノマスを備えた人間同士が互いにパートナーとなり，価値を共創し合えば，雇用増大につながる重要な分野となるはずである．人間の直感と膨大な情報を探索し集約するオートノマスの能力が，これまでできなかった新たな仕事をつくり出す．適応を強制しようとする人々もいるだろうが，過去にそうであったように，おそらく，こうあるべきという指針は失敗する．最も驚くべきイノベーションは，壊滅的な破壊をもたらすブラックスワン事象となった恐慌や不況，大規模な紛争から生まれることが多い．ブラックスワン事象を予測し，備えることなどできない．私たちにできることは，ブラックスワン事象を特定し，観察して，次に訪れる完全な進化に備えることである．

11・5　政府機関への影響

経済を制御するためには，大きな政府や強力な規制の枠組みが必要だと信じている人間にとって，オートノマスの存在は天の恵みである．自動化のプロセスにおける重要な特徴は，政府が自動化を選択したら，何が起こっているかを詳細に監視し，規制できることである．

自動化された農場の経営について考えてみよう．政府がどのような農作物を，どの地域のどの農場で栽培するか決めることで，オートノマス農場を管理できる．次に，農作物の生産を監視し，農作物を運ぶためにオートノマスのトラックやトローンによって，各農場から農作物の出荷先が決まる．トウモロコシ栽培が盛んな州から選出された2人の上院議員が，生産量が過剰になり，取引価格が農民にとって不利になると感じた場合には，栽培の途中であっても，オートノマス農場に農作物の栽培を停止するように指示することができる．

パリ協定のような気候に関する世界的な合意に基づき，政府は，国際NGO（Non-Governmental Organizations，非政府組織）が要求する温室効果ガス排出レベルに適合するため，南東部全体のウシとブタの在庫を削減するかもしれない．EU（European Union，欧州連合）のような超国家的グループが，米国の食料生産量の変更を求める可能性もある．要するに，オートノマスによって運営されている社会は，州や米国連邦政府，さらに超国家的グループなどの中央権力に管理されやすい．このシナリオは妥当あるいは好ましいものなのだろうか．

政府の肥大化の流れは止められない．米国連邦機関によって公布される規則は，米国連邦規則（Code of Federal Regulations, CFR）として成文化されている．その規模は，1960年には25,000ページ未満であったが，2014年には175,000ページを超えた*．聖書でさえ約1300ページであるため，今日，米国連邦規則は聖書135冊分に相当する．米国連邦政府は，水質安全法[1)]によって，より多くの土地を管理すべく，法の適用範囲を拡張しようとしている．米国環境保護庁（Environmental Protection Agency, EPA）は，"法の適用範囲を明確にしようと試みているのであって，運河政策を制御しようとしているのではない"と主張している．議会は，"EPAが水たまり，溝，湿地帯，および私有地や州有地の大部分への米国連邦政府の規制強化を目指している"と主張している．

"絶滅の危機に瀕する種の保存に関する法律（絶滅危惧種法）"が，カルフォルニア湾デルタにおける絶滅危惧種のワカサギを救うために適用された．米国連邦当局は，ワカサギを救うため，サンホアキン・バレーや農場を干ばつに見舞わせてでも淡水を調達したがその努力は無駄になった．ワカサギはほぼ確実に絶滅した[2)]．同じようにサンホアキン・バレーの農場も，絶滅危惧種法がま

---

* Regulatory Studies Center, Columbian College of Arts & Sciences, The George Washington University, Reg Stats, 2016, https://regulatorystudies.columbian.gwu.edu/reg-stats.

ねいた人為的な干ばつにより絶滅しかかっていると主張する人もいる[3)].

また，**ユニバーサルベーシックインカム**（Universal Basic Income，以下，UBI）[4)] をすべての米国人に提供するという動きが高まっている[*]．このアイデアは，長年，さまざまなかたちで存在しており，最近では，仕事をオートノマスに奪われる人々についての議論のため，注目を集めている．そのアイデアは，すべての国民に無条件で一定の金額を給付してセーフティネットを提供し，他の活動に注力できるようにする．このアイデアの一部はカナダで試行され，英国でも試行に向けた議論が行われている．スイスでは，UBI の導入に向けた国民投票が実施された．米国では，まだ動き出してはいないが，UBI について前向きにとらえている．オートノマスは，UBI を正当化する雇用破壊の原因となる可能性がある．しかし，オートノマスは，政府が UBI を超えて拡張し，ユニバーサルグッズアンドサービス（Universal Goods and Services, UGS）を提供するメカニズムを容易に実施できるようにする．

リンゴのような新鮮な果物について考えてみよう．自動化されたリンゴ農園では，中央の施設へリンゴをトローンで運び，小さな箱詰めを作ることができる．これは，Amazon のサービスと同様に，小さなドローンで人々に運ばれる．政府機関は，オートノマスのお陰で食料やその他のサービスを通じて，お金以上の利益を市民にもたらすことができる．これらの課題を人々がどう感じ，また，議論したいかどうかにかかわらず，オートノマスが議論を誘発していることは明らかである．

11・6 不 動 産

オートノマス，特に自動運転車の登場は，不動産にも多くの影響をもたらす．

簡単な事例がある．ロサンゼルスには，200 平方マイル（518 km^2）の駐車場がある．ロサンゼルスがほとんど自動運転車になると，一日中駐車するという需要が減る．自動運転車には，人間や機械，製品，雑貨を運ぶという別の目的での使用や，サービスを提供させることができる．ロサンゼルスの不動産市場で

---

* Basic Income Earth Network, About Basic Income, http://www.basicincome.org/basic-income/

は，この多くの遊休地が，住宅供給とビジネスに影響をもたらす．行政機関はこの遊休地をどのように活用するのだろうか．住宅，ビジネス，農業に活用されるのだろうか．垂直型農業の台頭と多数の人間に食料を提供する能力によって，ロサンゼルス市は，これらの地域を垂直型農業専用の場所として区画し，新たな仕事と税収，食料源を提供する．ブルーカラー（肉体労働者）の人たちに手頃な価格の住宅を供給することは，新たにロサンゼルスで働く人たちにとってはありえないことだった．現在，住宅を持てない人たちはこれらの遊休地を利用できるようになるのだろうか．これは，オートノマスの導入によって，想定外のことが起こると予想される領域の一つである．

11・7　オートノマスは誰のものか

オートノマスは，結局，誰が所有することになるのだろうか．これまで，何かを所有するということは，常に人間か企業に所有されるということであった．タクシーに使用されている自動車は，タクシー会社，運転手，自動車のリース会社が所有していた．しかし，今や，自動運転車は，自分自身を所有することができる．

タクシーに使われる自動運転車について考えてみよう．多様なアプリにより，人間やそのグループと対話ができる．このアプリは，人間が自動車をよび出し，どこに行きたいかを伝え，決済を完了させる．ガソリンスタンドや販売代理店で，ガソリンの供給や，保守点検サービスを受ける．オンラインでガソリン税を支払うこともできる．自動運転車は必要なデータを提供すれば，公認会計士と弁護士と契約することさえもできる．

自動運転車は，事故や政府機関の役人に監査されるときには，尋問を受けねばならない．ブラックボックスから得られた情報を深めるために，航空機で使用されるブラックボックス・ソリューション（フライトデータレコーダーやコックピットボイスレコーダーなど）は優れた解決策になる．オートノマスは，意思決定そのものだけでなく，その意思決定がなされた理由についても情報提供しなければならない．そのため，自動車は，現行の交通法規のコンテキストに収まっている必要がある．

11・8　量子コンピューター

量子コンピューターは，ビジネスリーダーたちが基本的な機能を理解するうえで最も難解な概念である．Bill Gates でさえ，量子コンピューターに関するインタビューにおいて以下のように答えている．

“量子コンピューティングを説明しようとしたとき，思わず笑ってしまった．それは，Microsoft が作成したスライドの一部であるのに，まったく理解できなかった．私は物理学と数学について詳しいつもりだった．しかし，量子コンピューティングについて説明しているスライドは，私にとっては象形文字みたいなものだった”[5)]

ビジネスリーダーや一般人は，自分が使っている技術についてほとんど理解していない．人々は，アプリ，携帯電話，Wi–Fi，クラウドを構成している基本的な技術を理解せず，常にアプリを使っている．常識的な方法でやり取りをしながら，問題を解決する方法について気にしている．では，量子コンピューターが企業や人間のためにどのような問題を解決できるのだろうか．

量子コンピューターは，量子ビット（qubit あるいは qbit）を用いて情報を表す．従来のコンピューターは，ビットを用いて情報を表し，ビットは 0 か 1 の値を設定できる．qubit は，0 と 1 の両方を同時に用いて情報を表す．一つの qubit は，一度に二つの計算を実行できることを意味している．二つの qubit は，それぞれ二つの計算を行うことができるため，1 秒当たり四つの計算を実行できる．三つの qubit は，同時に八つの計算ができる．50 qubit は，現存する最高速度のスーパーコンピューターよりも高速である．現実に動作可能な 50 qubit の量子コンピューターは，デジタルコンピューターよりも永久に優れていることを意味し，量子超越性とよばれる．

この進化が何をもたらすというのだろうか．企業は，プラットフォームとして利用できる量子コンピューターをごく少数の提供者から導入する計画であろう．

量子コンピューティングは，大きな機会をもたらす．企業での量子コンピューティングの活用は，多くの新たな仕事を生み出す．これらの仕事は，オートノマスを運用するため，ビジネスプロセスに量子コンピューティングを適用するという方法で実現されるだろう．

参考文献

1) T. Cama, 'House votes to overturn Obama water rule', *The Hill* (13 January 2016). http://thehill.com/policy/energy-environment/265734-house-votes-to-overturn-obamas-water-rule

2) J. Kay, 'Delta Smelt, Icon of California Water Wars, Is Almost Extinct', *National Geographic* (3 April 2015). http://news.nationalgeographic.com/2015/04/150403-smelt-california-bay-delta-extinction-endangered-species-drought-fish/

3) 'California's Man-Made Drought', *The Wall Street Journal* (2 September 2009). http://www.wsj.com/articles/SB10001424052970204731804574384731898375624

4) D. Rotman, 'The Danger of the Universal Basic Income', *MIT Technology Review* (11 March 2016). https://www.technologyreview.com/s/601019/the-danger-of-the-universal-basic-income/

5) S. Stevensen, "A Rare Joint Interview with Microsoft CEO Satya Nadella and Bill Gates", *The Wall Street Journal* (25 Sept 2017). https://www.wsj.com/articles/a-rare-joint-interview-with-microsoft-ceo-satya-nadella-and-bill-gates-1506358852FUTURE

索　引

あ 行

か 行

さ 行

た 行

な 行

は 行

ま 行

や 行

ら 行

わ 行

［監 訳］

松 元 明 弘（まつもと あきひろ）
1981年 東京大学工学部 卒
1983年 東京大学大学院工学系研究科 修士課程 修了
現 東洋大学理工学部 教授，NPO 自動化推進協会 会長
専門 機械工学，ロボット工学
工 学 博 士

田 中 克 昌（たなか かつまさ）
1997年 南山大学法学部 卒
2018年 東洋大学大学院経営学研究科 博士課程 修了
日本電気(株) 経営企画職(1997〜2018年)を経て，
現 日本経済大学経営学部 准教授
専門 経営戦略論，イノベーション論
博士(経営学)，中小企業診断士

［翻 訳］

松 島 桂 樹（まつしま けいじゅ）
1971年 東京都立大学工学部 卒
1999年 専修大学大学院経営学系研究科 博士課程 修了
(株)日本アイ・ビー・エム，岐阜経済大学教授などを経て，
現 (一社)クラウドサービス推進機構 理事長，(公財)ソフトピアジャパン 理事長
専門 生産情報論，経営情報論
博士(経営学)

礒 部 大（いそべ だい）
1990年 東海大学理学部 卒
2002年 筑波大学大学院ビジネス科学研究科 修了
2012年 武蔵大学大学院経済学研究科 博士課程後期 単位取得後退学
(株)横浜銀行，(株)日本総合研究所などを経て，
現 帝京平成大学現代ライフ学部 講師
専門 経営情報論，ソフトウェア工学
修士(経営学)，中小企業診断士

第1版 第1刷 2020年3月3日 発行

進化するオートメーション
AI・ビッグデータ・IoT そして オートノマス が 拓く未来

監 訳 者 松 元 明 弘 / 田 中 克 昌
発 行 者 住 田 六 連
発 行 株式会社 東京化学同人
東京都文京区千石3丁目36-7(〒112-0011)
電 話 03-3946-5311・FAX 03-3946-5317
URL: http://www.tkd-pbl.com/

印刷・製本 新日本印刷株式会社

ISBN978-4-8079-0988-9
Printed in Japan